100⁺ → ILLUSTRATOR 视觉技法 与应用

| 编著 | 周妙妍

华中科技大学出版社
http://www.hustp.com
中国 · 武汉

图书在版编目（CIP）数据

Illustrator 100+视觉技法与应用 / 周妙妍 编著.—武汉：华中科技大学出版社，2022.9（2024.9重印）
ISBN 978-7-5680-8636-3

Ⅰ.①I… Ⅱ.①周… Ⅲ.①图形软件 Ⅳ.①TP391.412

中国版本图书馆CIP数据核字（2022）第137493号

Illustrator 100+ 视觉技法与应用
Illustrator 100+ Shijue Jifa yu Yingyong

周妙妍 编著

出版发行：华中科技大学出版社（中国·武汉）　　　　电话：（027）81321913
　　　　　武汉市东湖新技术开发区华工科技园　　　　邮编：430223
出 版 人：阮海洪

责任编辑：段园园　　　　　　　　　　　　　　　　版式设计：周妙妍
策划编辑：段园园　　　　　　　　　　　　　　　　责任监印：朱　玢

印　　刷：湖北金港彩印有限公司
开　　本：710 mm × 1000 mm　1/16
印　　张：23.5
字　　数：226千字
版　　次：2024年9月 第1版 第3次印刷
定　　价：149.00元

投稿热线：13710226636　　1275336759@qq.com
本书若有印装质量问题，请向出版社营销中心调换
全国免费服务热线：400-6679-118 竭诚为您服务

对读者说的话

Illustrator 是设计师常用的设计软件之一，对于学习设计的同学，熟练掌握软件功能非常重要。本书除了介绍 Illustrator 各功能基本操作，还结合案例演示操作步骤，让你轻松掌握 Illustrator 必备技巧。

本书收录 Illustrator 的应用方式和活用技巧，以及各种常用和流行设计风格。本书分为 9 课，包括认识 Illustrator，常用的绘图工具，画笔的应用，对象的调节和变换，图形的色彩应用，文字的创建及编辑，液化变形、混合、封套扭曲，外观艺术效果的应用和案例综合实战。本书还整理了很多鲜为人知的"AI 冷技巧"，能够带领设计工作者高效地完成作品，强化操作熟练度。

本书精华部分在于最后一课的 15 个案例，每个案例所使用的视觉技法都很实用，也满足当今主流的风格需求。不仅能让你掌握技法，还能带领你将技法运用到版式设计中。

所以，本书不仅能用于学习，还可以永续使用，是一本物超所值的实用工具书。最后，建议你动手操作，或许能够激发出更优秀的设计创作灵感。

周妙妍

2022 年 9 月

● Lesson 7
液化变形、混合、封套扭曲　174

UNDERSTAND

ILLUSTRATOR

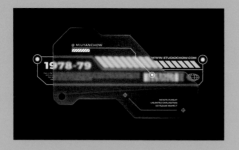

Lesson 1
认识 Illustrator

本书通过 Adobe Illustrator 2021 版本来介绍 Illustrator 的基本功能及各
种流行技巧的操作方法。本课内容先介绍文档基本操作、Illustrator 的工
作界面、视图预览以及面板的编辑，为全书内容的学习打下基础。

1.1
Illustrator 基本概要

Adobe Illustrator 简称 AI 软件，是一款非常优秀的矢量图形设计软件，也是全球使用率较高的矢量制图软件。

启动 Illustrator 2021 后，将会显示主屏幕，它提供了一些快捷任务。如常用文档预设、最近使用文档、Illustrator 新增功能等。

1.1.1
Illustrator
能做什么

Illustrator 主要应用于海报、书籍排版以及专业插画、多媒体图像处理和互联网页面制作等。

Strings of Autumn 2019 艺术指导：Aleš Najbrt；设计师：Jonatan Kuna

Illustrator 还有很多鲜为人知的绘制技巧，拥有表现艺术效果的强大功能。所以本书会特别针对常用的"活用技巧"进行收录整理，充分使用 Illustrator 的功能来创造各种主流风格的视觉设计。

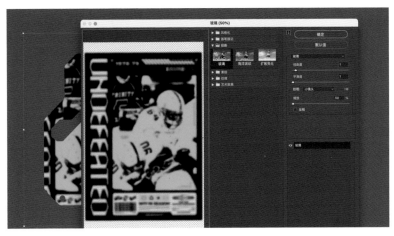

超强质感的毛玻璃效果

毛绒效果的造型设计

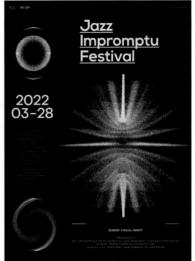

线性堆积的造型设计

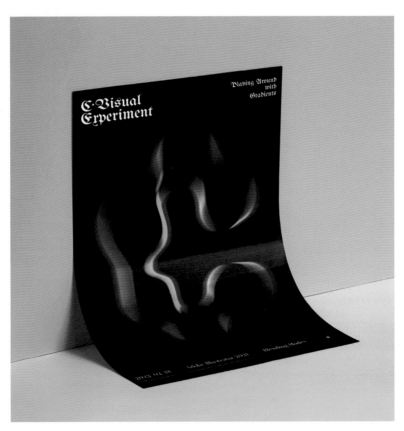

迷幻炫彩的图形设计

1.1.2
新建文档

在开始设计绘制之前，第一步要新建文档。虽然这个步骤看起来很简单，但是一些常规的设置很关键，例如配置文件、出血位、分辨率、颜色模式等。

打开 Illustrator 后，执行菜单栏中的"文件"→"新建"命令，或按"Ctrl+N"键，打开"新建文档"的对话框。

❶ **画板:** 画板数量可选择单个或多个，若数量大于1，还可以单击下方"更多设置"按钮来设置画板的顺序及间距。

❷ **出血:** 当打印文档的时候，"出血"宽度一般设置为3mm，系统默认设置是上下左右都一样。

❸ **颜色模式:** 指新建文档的颜色模式。若用于印刷设计，一般选择CMYK模式；若用于网页设计，则选择RGB模式。

光栅效果: 指添加特殊效果时的解析度，值越大，解析度越高，图像越清晰，所占空间也越大。

预览模式: 设置视图预览模式。可选择默认值、像素和叠印。一般选择默认值模式。

1.2
Illustrator 基本操作

本课主要讲解 Illustrator 的基本操作，例如了解工作界面、打开文件、存储文件、导出文件、视图预览和编辑画板，为全书内容的学习打下基础。

1.2.1
了解
工作界面

新建文档或打开文档后，就会进入 Illustrator 工作界面，如下图所示。工作界面主要由菜单栏、控制栏、标题栏、工具栏、状态栏、面板等组成。刚开始接触 Illustrator 的设计人员需要了解这些基本信息，才能顺利地进行图形处理。

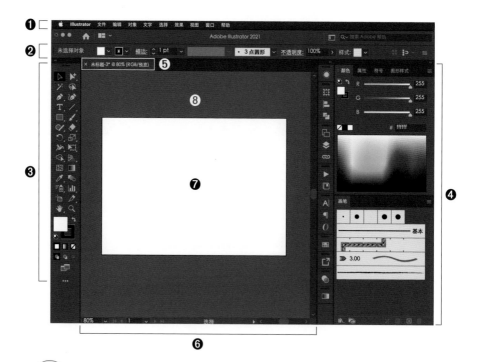

Tips

画板和画布是组成文档窗口的两部分。其中画板是绘制和编辑图形的工作区域；而画布是画板之外的区域，作为编辑图稿的草稿区域。

❶ 菜单栏	❺ 标题栏
❷ 控制栏	❻ 状态栏
❸ 工具栏	❼ 画板（工作区）
❹ 面板	❽ 画布（草稿区）

1.2.2
打开文件

Illustrator 支持大多数矢量格式，比如 ai、eps、cdr、dwg 格式，还支持 jpeg、tiff、psd、PNG、svg 等格式，这些格式都可以在 Illustrator 里打开、编辑和修改。

可打开的文件格式：

打开 Illustrator 后，在界面的左侧单击"打开"按钮，弹出对话框，选中所需文件即可打开。

另外，也可以在文档中打开文件，执行菜单栏中"文件"→"打开（Ctrl+O）"命令，弹出"打开"对话框，选中所需文件即可打开。

1.2.3
存储文件

新建文档后，首要任务是及时存储文件。经过第一次保存，之后就可以通过快捷键"Ctrl+S"快速保存。即便没有及时保存，软件也会启动"自动存储"功能（前提是需勾选"自动存储"选项），若遇到软件意外闪退，能够找回闪退前最后一次存储的文档。

存储

新建文档后，执行"文件"→"存储（Ctrl+S）"命令，弹出"存储为"对话框，输入文件名称，并选择存储格式后，单击"存储"按钮即可。

自动存储

完成第一次存储之后，Illustrator 会在我们编辑图稿的过程中每隔一段时间自动保存一次。若遇到软件意外闪退，再次运行 Illustrator 的时候，将自动加载文件并恢复到最后一次存储时的状态。

按"Ctrl+K"键打开"首选项"对话框，在左侧的选项中单击"文件处理和剪贴板"，勾选"自动存储恢复数据的时间间隔"。另外在右侧还可以修改自动存储的时间间隔和存储位置。

1.2.4
导出文件

在 Illustrator 中创建的图稿可以保存为各种格式，例如 jpg、PNG、tiff、psd、svg 等格式。这些格式在 web、应用程序设计、信息图形或者是其他项目中会被使用到。

导出为

如果想将图稿存储为其他格式，可以执行"文件"→"导出"→"导出为"命令。

打开"导出"对话框，选择所导出的面板范围和文件格式，但这些文件格式不能使用"存储"命令来保存。

资源导出

"资源导出"面板能快速将图稿导出为多种屏幕所用格式的文件，有效地提高工作效率，特别适用于信息图形、web、应用程序等设计。

Step 1

打开文件，执行"文件"→"导出"→"导出为多种屏幕所用格式（Alt+Ctrl+E）"。

Step 2

打开"导出为多种屏幕所用格式"对话框，单击"画板"选项按钮，可以将画板上的所有图稿按规定的格式导出。若要导出画板中的单个图稿，则要单击"资产"选项按钮。

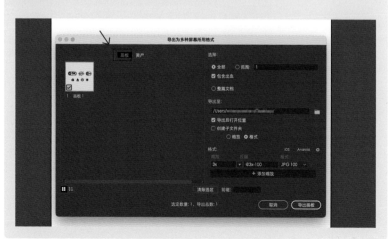

Step 3

单击"资产"选项按钮后，再单击"资源导出面板"按钮，弹出"资源导出"面板，也可以执行"窗口"→"资源导出"命令打开"资源导出"面板。

使用"选择工具（V）"，框选需要导出的对象，然后单击面板中的 回 按钮，会从选区生成多个资源。若单击 回 按钮，则会从选区生成单个资源。

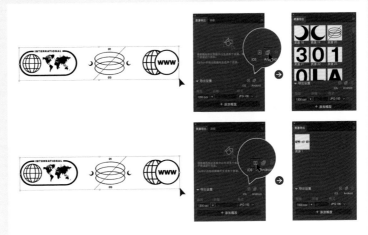

若要导出完整的图形，则先将每个图形进行"编组"，再框选编组的图形，单击 回 按钮，即以组的形式导出完整的图形。若不编组，则会将图形中每个形状单独导出。

Tips

若要更改导出文件的名称，单击"缩略图"下方的默认名称，输入新名称即可。

若要导出某个资源，可单击缩略图自由选取，或按"Shift"键并单击缩略图同时选取多个资源导出。

`Step 4`

在面板导出设置选项中，选择需要导出图像的"缩放比例"和"格式"。若要导出多个不同缩放比例的资源，单击"+ 添加缩放"按钮即可。设置后，单击"导出"按钮，完成。

另外还可以单击面板下方 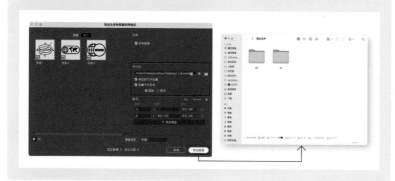 按钮，启动"导出为多种屏幕所用格式"对话框进行设置，这里还有了"导出至""导出后打开位置"和"创建子文件夹"选项。

Tips

打包文件

使用"文件"→"打包"命令，可以将文档中的图形、字体、链接图形和打包报告等内容自动保存到一个文件夹中。有了这项功能，设计人员就可以从文件中提取文字和图稿资源，免除了手动分离和转存工作，并可达到轻松传送文件的目的。

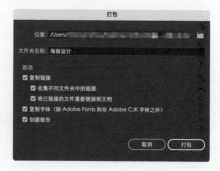

18

1.2.5
视图预览

Illustrator 提供了 4 种视图预览模式，包括轮廓预览、GPU/CPU 预览、像素预览、叠印预览。不同的预览有不同的功能，以针对不同的设计需求。下面分别是 4 种视图预览的概述及操作步骤。

轮廓预览

以路径的形式显示线稿。使用该模式的时候，能方便处理较为复杂的图形，执行方便。执行 "视图" → "轮廓（Ctrl+Y）" 命令。

GPU/CPU预览

GPU 预览是默认的预览模式，可优化显示速度，实现丝滑的缩放操作，但与出图效果有稍微差异。而 CPU 预览显示更精准，与出图效果更相近，但缩放速度较慢。可按 "Ctrl+E" 键或执行 "视图" → "使用 CPU（GPU）预览" 命令进行两种预览的切换。

像素预览

将图形以位图的形式显示，可以预览矢量图转成位图后的效果。执行 "视图" → "像素预览（Alt+Ctrl+Y）" 命令。

叠印预览

主要显示实际印刷时的图形叠印效果，查看在印刷前叠印或印刷后呈现的最终效果。执行 "视图" → "叠印预览（Alt+Ctrl+Shift+Y）" 命令。

1.2.6
编辑画板

在一个文档中可以创建多个画板，可根据设计内容在不同的画板中绘制图稿，如画册设计，不同尺寸的图标设计，多个尺寸的海报设计等。将所有方案放在一个文档中，对图稿的修改也更方便。在编辑图稿的过程中，若要添加、删除画板或修改画板属性，可使用"画板工具"进行操作。

单击工具栏"画板工具（Shift+O）"，就会进入编辑画板的模式。此时"控制栏"中会显示有关画板各选项的设置。

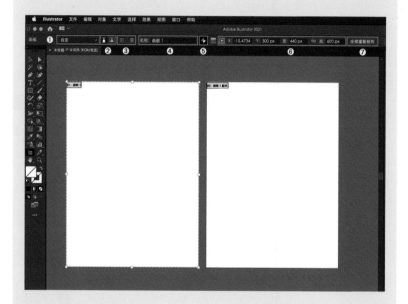

"画板"各选项的含义

❶ **选择预设尺寸:** 选择预设的画板尺寸。

❷ **方向:** 设置画板方向，横向或纵向。

❸ **添加 / 删除:** 添加画板或删除画板。

❹ **名称:** 更改画板的名称。

❺ **移动 / 复制带画板的图稿:** 单击 🔳 按钮，可移动或复制带图稿的画板；取消单击 🔳 按钮，只移动或复制空白画板。

❻ **X/Y、宽度/高度:** X/Y指根据工作区标尺来指定画板位置；宽度/高度是指画板的宽度和高度。

❼ **全部重新排列:** 若建立多个画板后，可单击 全部重新排列 按钮，弹出"重新排列所有画板"对话框，根据选项修改画板排列和布局方式。

调整画板大小和位置

单击工具栏"画板工具（Shift+O）"，将光标 ⌐ 移到画板边框的控制点上，单击鼠标并拉动面板，即可调整画板大小。若将光标 ⌐ 移到画板中，当光标变为 ✛ 状时，单击鼠标并移动，即可调整画板位置。

（调整画板大小）   （调整画板位置）

转换为画板

单击工具栏"画板工具（Shift+O）"，将光标 ⌐ 移到图稿上，并单击鼠标，即可根据图稿的尺寸将它转换为画板。

切换画板

若文档中包含多个画板时，想快速切换到某个画板，可使用状态栏中的"画板导航" |◀ ◀ 1 ∨ ▶ ▶| 按钮进行切换。

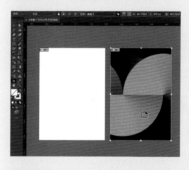

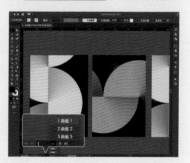

复制画板

单击工具栏"画板工具（Shift+O）"，单击一个画板后，按住"Alt"键拖动画板，即可复制一个空白的画板。若想复制包含图稿的画板，可以单击控制栏中的 ⊞ 按钮，之后按住"Alt"键拖动画板。

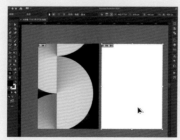

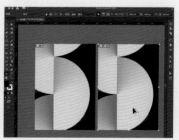

（复制空白的画板）   （复制含图稿的画板）

DRAWING TOOLS

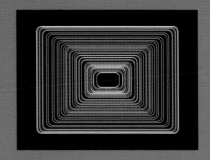

Lesson 2
常用的绘图工具

通过学习各种绘图工具，能够绘制出精美的图形，如线条、几
何图形、网格等。

2.1
基本线条的绘制工具

Illustrator 基本线条的绘制工具有"直线段工具""弧形工具""螺旋线工具""矩形网格工具"和"极坐标网格工具"。本节除了介绍这些工具的基本操作外，还会结合不同的组合键来绘制更丰富的线状的图形。

名称	快捷键
直线段工具	\
弧形工具	无
螺旋线工具	无
矩形网格工具	无
极坐标网格工具	无

直线段工具（\）

／

利用"直线段工具"能绘制出不同角度、长度的直线。单击鼠标拖出直线的同时，按住"Shift"键，可绘制水平、垂直或45°整数倍角度方向的直线。若要创建精确的直线，可在画板中单击鼠标，在弹出的"直线段工具选项"对话框中进行设置。

"直线段工具选项"对话框中各选项的含义

❶ **长度：**设置直线的长度。

❷ **角度：**设置直线的角度，其取值范围：0°～360°。

❸ **线段填色：**勾选此项，以当前填色为线段填色。

直线段工具选项

长度：100 px ❶

角度：45° ❷

☐ 线段填色 ❸

取消　　确定

24

单击鼠标拖出一条直线的同时，按"～"键不放，向其他方向拖动鼠标，即可绘制多条直线段。

单击鼠标拖出一条直线的同时，按"Alt+～"键不放，向其他方向拖动鼠标，即可绘制多条以单击点为中心并向两端延伸的多条直线段。

Tips

- 单击鼠标拖出直线的同时，按"空格"键可移动直线（其他线条 / 几何图形工具也一样）。
- 按住"Alt"键不放，单击鼠标拖出以单击点为中心向两端延伸的直线。

弧形工具

利用"弧形工具"能绘制出不同角度、位置及形态的弧形（线）。若要创建精确的弧形，可在画板中单击鼠标，在弹出的"弧线段工具选项"对话框中进行设置。

"弧线段工具选项"对话框中各选项的含义

❶ **X / Y 轴长度:** 设置弧线的水平长度和垂直高度。

❷ **基准点定位器:** 可单击 █ 四个角上的基准点，确定从哪一个点开始绘制弧线。

❸ **类型:** 可选择"开放"或"闭合"路径状态的弧线。

❹ **基线轴:** 设置弧线的方向。

❺ **斜率:** 设置弧线的凹凸方向。若为正值,弧线则向外凸; 若为负值,弧线则向内凹。

❻ **弧线填色:** 勾选此项,以当前填色为弧线填色,如下图所示。

下面通过组合键来绘制丰富有趣的弧线状的图形,操作如下。

单击鼠标拖拽弧线的同时,按"~"键不放,拖动鼠标,即可绘制出多条弧线。

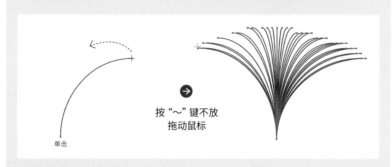

单击鼠标拖拽弧线的同时,按"Alt+ ~"键不放,拖动鼠标,即可绘制多条以单击点为中心并向两端延伸的弧线。

 Tips

• 单击鼠标拖出弧线的同时,按"Shift"键可使弧线保持固定的角度。

• 单击鼠标拖出弧线的同时,按"X"或"F"键可切换弧线凹凸方向。

• 单击鼠标拖出弧线的同时,按"C"键可切换"开放"和"闭合"状态。

• 单击鼠标拖出弧线的同时,按"↑"或"↓"键可调整弧线的凹凸程度(斜率)。

螺旋线工具

利用"螺旋线工具"能绘制出不同样式的螺旋线。若要创建精确的螺旋线，可在画板中单击鼠标，在弹出的"螺旋线"对话框中进行设置。

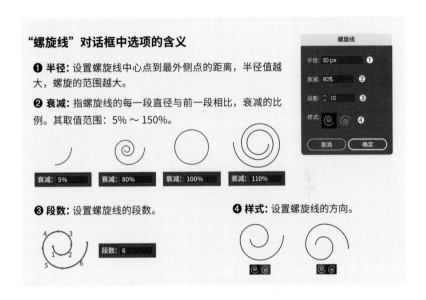

下面通过组合键来绘制由多条螺旋线组成的螺旋线状的图形，操作如下。

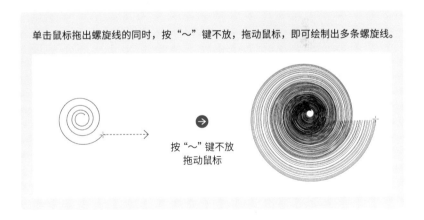

Tips

- 单击鼠标拖出螺旋线的同时，拖动鼠标旋转可旋转螺旋线。
- 单击鼠标拖出螺旋线的同时，按"R"键可改变螺旋线的样式。
- 单击鼠标拖出螺旋线的同时，按"Ctrl"键并向外或向内拖动鼠标，可修改螺旋线的衰减度大小。
- 单击鼠标拖出螺旋线的同时，按"↑"或"↓"键可增加或减少螺旋线的段数。

矩形网格工具

利用"矩形网格工具"可快速绘制出均匀或不均匀的矩形网格，另外还可通过其他工具将其运用于场景搭建的画面中。若要创建精确的矩形网格，可在画板中单击鼠标，在弹出的"矩形网格工具选项"对话框中进行设置。

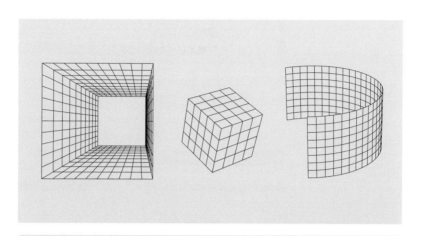

"矩形网格工具选项"对话框中各选项的含义

❶ **默认大小:** 设置整个矩形网格的宽度和高度。

❷ **基准点定位器:** 确定单击时的起点位置位于网格的哪个角。

❸ **水平 / 垂直分隔线:** "数量"指网格水平 / 垂直分隔线的数量，"倾斜"指水平 / 垂直分隔线位置的偏移量。

❹ **使用外部矩形作为框架:** 勾选此项，创建网格后，对其"取消编组"，能把最外部的矩形完整地分离。取消勾选，最外部的矩形则变为线段。

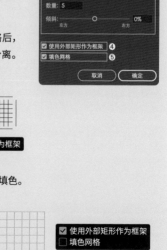

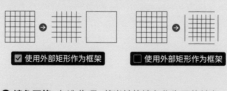

❺ **填色网格:** 勾选此项，将当前的填色作为网格填色。

下面通过组合键来快速修改矩形网格的水平/垂直分隔线的数量，以及位置的偏移量，操作如下。

修改矩形网格的水平/垂直分隔线的数量

单击鼠标拖出矩形网格的同时，按"↑"或"↓"键增减矩形网格的水平分隔线数量；按"→"或"←"增减矩形网格的垂直分隔线数量。

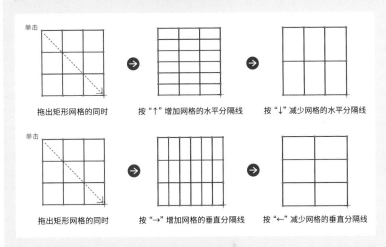

拖出矩形网格的同时　　　　按"↑"增加网格的水平分隔线　　　　按"↓"减少网格的水平分隔线

拖出矩形网格的同时　　　　按"→"增加网格的垂直分隔线　　　　按"←"减少网格的垂直分隔线

修改矩形网格的水平/垂直分隔线位置的偏移量

单击鼠标拖出网格的同时，按"F"或"V"键向下或向上偏移水平分隔线的位置；按"X"或"C"键向左或向右偏移垂直分隔线的位置。

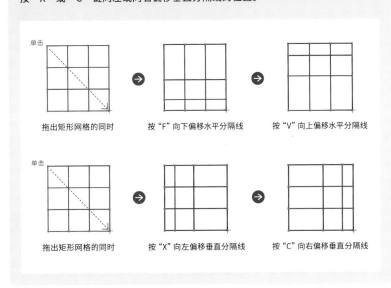

拖出矩形网格的同时　　　　按"F"向下偏移水平分隔线　　　　按"V"向上偏移水平分隔线

拖出矩形网格的同时　　　　按"X"向左偏移垂直分隔线　　　　按"C"向右偏移垂直分隔线

下面通过组合键来绘制丰富有趣的网格状图形，操作如下。

按"Shift"键不放，单击鼠标拖出正方形网格的同时，再按住"～"键向下方拖动鼠标，随着鼠标的移动，可绘制出多个矩形网格图形。

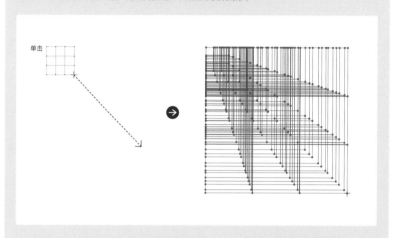

按"Alt"键不放，单击鼠标拖出矩形网格的同时，再按"～"键拖动鼠标，随着鼠标的移动，可绘制出多个以单击点为中心并向外延伸的矩形网格图形。

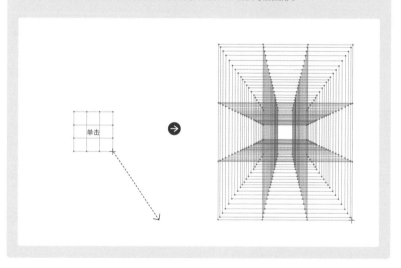

Tips

· 按"Shift"键不放，单击鼠标拖出正方形网格。
· 按"Alt"键不放，单击鼠标拖出以单击点为中心并向两端延伸的矩形网格图形。

极坐标网格工具　"极坐标网格工具"与"矩形网格工具"的操作方法基本相同，同样可以通过其他工具将其运用于场景搭建的画面中。若要创建精确的极坐标网格，可在画板中单击鼠标，在弹出的"极坐标网格工具选项"对话框中进行设置。

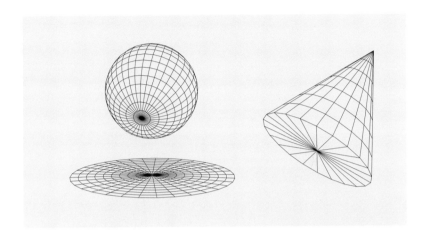

"极坐标网格工具选项"对话框中各选项的含义

❶ **默认大小:** 设置整个极坐标网格的宽度和高度。

❷ **基准点定位器:** 可以确定绘制网格时的起始点位置。

❸ **同心圆 / 径向分隔线:** "数量"指网格同心圆分隔线的数量 / 圆心和圆周之间的径向分隔线的数量;"倾斜"指同心圆分隔线向内或向外的偏移量 / 径向分隔线向下或向上的偏移量。

❹ **从椭圆形创建复合路径:** 勾选此项，可以将同心圆转换为单独的复合路径，每隔一个圆就能填色。

☑ 从椭圆形创建复合路径　　　☐ 从椭圆形创建复合路径

❺ **填色网格:** 勾选此项，将当前的填色填满网格。

下面通过组合键来快速修改极坐标网格的同心圆 / 径向分隔线的数量，以及位置的偏移量，操作如下。

修改极坐标网格的同心圆 / 径向分隔线的数量

单击鼠标拖出坐标网格的同时，按"↑"或"↓"键增减同心圆分隔线数量；按"→"或"←"增减径向分隔线数量。

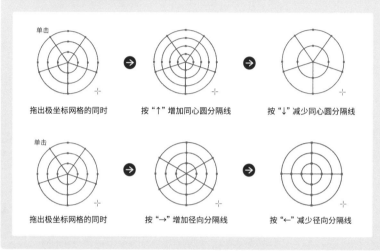

| 拖出极坐标网格的同时 | 按"↑"增加同心圆分隔线 | 按"↓"减少同心圆分隔线 |
| 拖出极坐标网格的同时 | 按"→"增加径向分隔线 | 按"←"减少径向分隔线 |

修改极坐标网格的同心圆 / 径向分隔线位置的偏移量

单击鼠标拖出极坐标网格的同时，按"F"或"V"键向上或向下偏移径向分隔线的位置；按"X"或"C"键向内或向外偏移同心圆分隔线的位置。

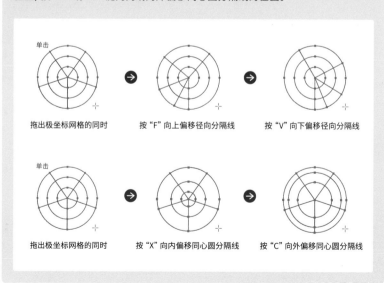

| 拖出极坐标网格的同时 | 按"F"向上偏移径向分隔线 | 按"V"向下偏移径向分隔线 |
| 拖出极坐标网格的同时 | 按"X"向内偏移同心圆分隔线 | 按"C"向外偏移同心圆分隔线 |

下面通过组合键来绘制丰富有趣的网格状图形，操作如下。

按"Shift"键不放，单击鼠标拖出极坐标网格的同时，再按住"～"键向下拖动鼠标，随着鼠标的移动，可绘制出多个极坐标网格图形。

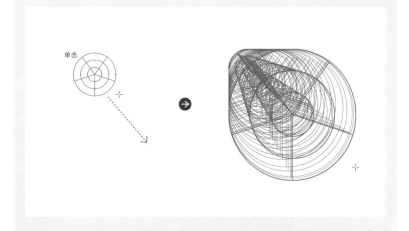

按"Shift+Alt"键不放，单击鼠标拖出极坐标网格的同时，再按住"～"键向下拖动鼠标，随着鼠标的移动，绘制出多个以单击点为中心并向外延伸的极坐标网格图形。

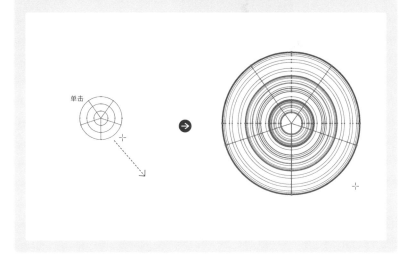

Tips

- 按"Shift"键不放，单击鼠标拖出圆形极坐标网格。
- 按"Alt"键不放，单击鼠标拖出以单击点为中心向外延伸的极坐标网格。

2.2
几何图形的绘制工具

对于几何图形，主要使用"矩形工具""圆角矩形工具""椭圆工具""多边形工具"和"星形工具"来绘制。它们的操作方法与线条绘制工具基本相同，若要创建精确的几何图形，可在画板中单击鼠标，在弹出的对话框中进行设置。

名称	快捷键
矩形工具	M
圆角矩形工具	无
椭圆工具	L
多边形工具	无
星形工具	无

矩形
(M)

利用"矩形工具"，可以绘制出矩形或正方形，只要按住"Shift"键即可绘制正方形。还可以通过不同的组合键生成由多个矩形组成的造型，操作如下。

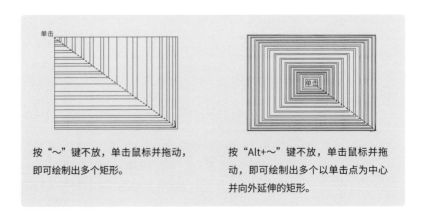

按"～"键不放，单击鼠标并拖动，即可绘制出多个矩形。

按"Alt+～"键不放，单击鼠标并拖动，即可绘制出多个以单击点为中心并向外延伸的矩形。

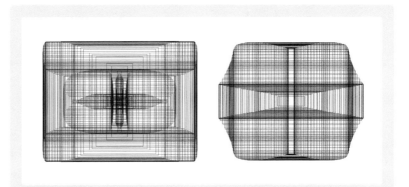

按"Alt+～"键不放，单击鼠标并拖动，控制鼠标的移动轨迹和移动速度，可以生成立体效果的线性图形。

圆角矩形

□

利用"圆角矩形工具"可以绘制出圆角矩形或圆角正方形，同样，按住"Shift"键即可绘制圆角正方形。下面通过组合键快速调整圆角矩形的圆角半径，以及生成由多个圆角矩形组成的造型，操作如下。

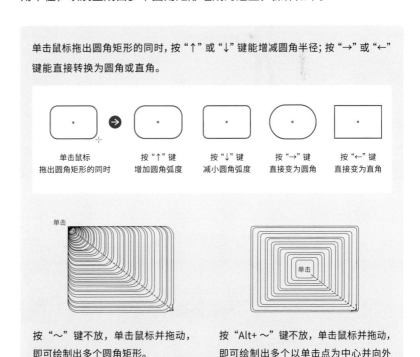

单击鼠标拖出圆角矩形的同时，按"↑"或"↓"键能增减圆角半径；按"→"或"←"键能直接转换为圆角或直角。

单击鼠标
拖出圆角矩形的同时

按"↑"键
增加圆角弧度

按"↓"键
减小圆角弧度

按"→"键
直接变为圆角

按"←"键
直接变为直角

单击

按"～"键不放，单击鼠标并拖动，即可绘制出多个圆角矩形。

单击

按"Alt+～"键不放，单击鼠标并拖动，即可绘制出多个以单击点为中心并向外延伸的圆角矩形。

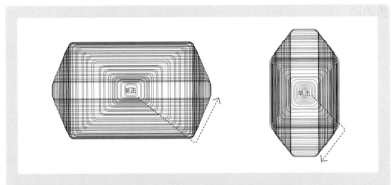

按"Alt+～"键不放，单击鼠标并拖动，控制鼠标的移动轨迹和移动速度，可以生成立体效果的线性图形。

椭圆
(L)
〇

"椭圆工具"与"矩形工具""圆角矩形工具"的操作方法相同，能绘制出椭圆形或正圆形，只要按住"Shift"键即可绘制正圆。可以通过不同的组合键生成由多个椭圆组成的造型，操作如下。

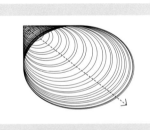

按"～"键不放，单击鼠标并拖动，即可绘制出由多个椭圆组成的造型。

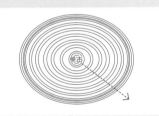

按"Alt+～"键不放，单击鼠标并拖动，即可绘制出多个以单击点为中心并向外延伸的椭圆。

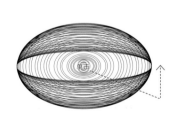

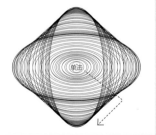

按"Alt+～"键不放，单击鼠标并拖动，控制鼠标的移动轨迹和移动速度，可以生成立体效果的线性图形。

多边形

⬡

利用"多边形工具"能绘制出不同多边形的效果，例如三角形、五边形、六边形等。下面通过组合键设置多边形的边数，以及生成多个由多边形组成的造型，操作如下。

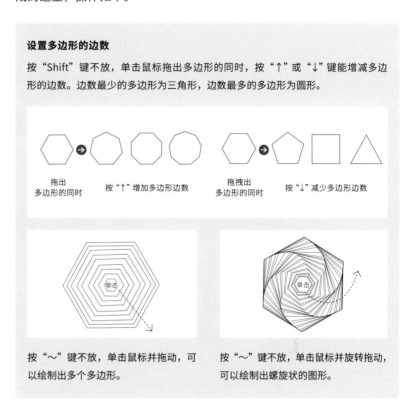

设置多边形的边数

按"Shift"键不放，单击鼠标拖出多边形的同时，按"↑"或"↓"键能增减多边形的边数。边数最少的多边形为三角形，边数最多的多边形为圆形。

拖出
多边形的同时

按"↑"增加多边形边数

拖拽出
多边形的同时

按"↓"减少多边形边数

按"～"键不放，单击鼠标并拖动，可以绘制出多个多边形。

按"～"键不放，单击鼠标并旋转拖动，可以绘制出螺旋状的图形。

星形

☆

利用"星形工具"能绘制出不同边角的星形，下面通过组合键设置星形的角数和半径，以及生成由多个星形组成的造型，操作如下。

设置星形的角数

按"Shift"键不放，单击鼠标拖出星形的同时，按"↑"或"↓"键能增减星形的角数。

拖出
星形的同时

按"↑"增加星形的角数

拖拽出
星形的同时

按"↓"减少星形的角数

设置星形的半径

单击鼠标拖出星形的同时，按"Ctrl"键并将鼠标向外拖动，星形的角越尖；向内拖动，星形的角越钝。

向外拖动鼠标　　　　　　　　　向内拖动鼠标

还可以通过对话框来创建精确的星形。单击工具栏"星形工具"，将光标 ╋ 移到画板处，单击一下，弹出"星形"对话框，设置半径和角点数，单击确定，即创建一个星形。

如果两个半径值一样，可以绘制出多边形。两个半径差值越大，星形的角越尖。反之，差值越小，星形的角越钝。

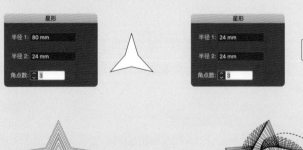

按"～"键不放，单击鼠标并拖动，
即可绘制出由多个星形组成的造型。

按"～"键不放，单击鼠标并旋转拖动，
即可绘制出螺旋状的图形。

2.3
常用的徒手绘图工具

除了前文介绍的线条和几何图形绘制工具，接下来讲解常用的徒手绘图工具，主要包括"钢笔工具""Shaper工具""铅笔工具""路径橡皮擦工具""连接工具""橡皮擦工具""剪刀工具"和"美工刀"等。

名称	快捷键
钢笔工具	P
shaper 工具	Shift+N
铅笔工具	N
平滑工具	无
路径橡皮擦工具	无
连接工具	无
橡皮擦工具	Shift+E
剪刀工具	C
美工刀	无

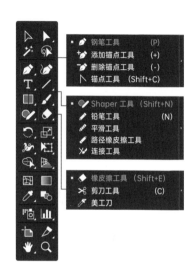

钢笔工具 (P)

"钢笔工具"是 Illustrator 中很重要的矢量绘图工具，它可以绘制直线、曲线和任意形状的图形。"钢笔工具"画出来的线条称为路径，路径由直线或曲线线段组成，而线段之间通过锚点来连接。锚点分为平滑点和尖角点。平滑点连接构成曲线；尖角点连接则构成直线和转角曲线。

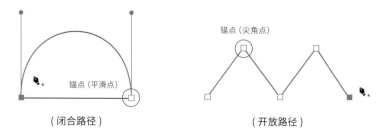

改变路径的形状

在曲线路径上，锚点处会出现用来控制路径形状的"手柄"。单击工具栏中"直线选择工具（A）"，将光标移到手柄处，单击并拖动，即可同时改变该锚点两侧的路径段。

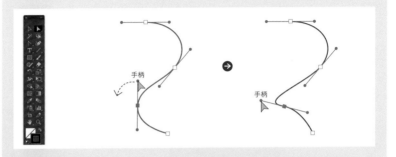

若只调整锚点一侧的路径段，可单击工具栏中"锚点工具（Shift+C）"，将光标移到手柄处，单击并拖动，只控制一侧路径段的变化。

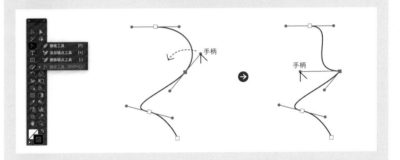

使用"钢笔工具"绘制曲线

选择工具栏中"钢笔工具（P）"，在画板中单击鼠标不放，并按"Shift"键向上拖拽鼠标，创建平滑点后释放鼠标，将鼠标移到另一边。再单击鼠标不放，按"Shift"键向下拖拽鼠标，即可创建一条圆滑的曲线。

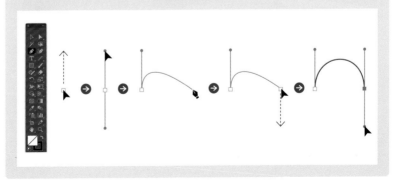

若对绘制后的图形不满意，可通过添加、删除锚点，重绘路径和连接路径等操作来完成修改。下面的小贴士内容是如何在使用"钢笔工具"的过程中，通过快捷键来提高绘图的效率。

① 结束路径的绘制

按"Ctrl"键的同时，在空白处单击即可结束路径的绘制。

② 移动锚点位置

在绘制过程中，单击鼠标左键不放，按住"空格"键的同时拖动鼠标，可移动当前锚点的位置。

③ 分离为独立的锚点手柄

在绘制过程中，按"Alt"键不放并拖拽鼠标，可将两个锚点手柄分离成独立的锚点手柄。

Shaper 工具（Shift+N）

利用"Shaper 工具"可将手动绘制出的几何形状，自动转换为精确的形状。甚至可以将重叠在一起的形状分割或合并，有效提高设计效率。

使用"Shaper 工具"绘图

在工具栏中选择"Shaper工具（Shift+N）"，在画板中绘制一个粗略的形状，例如矩形、圆形、椭圆形、三角形或多边形。绘制的形状会自动转换为精确的几何形状。所转换出的形状是实时的，并且与任何实时形状一样可编辑。

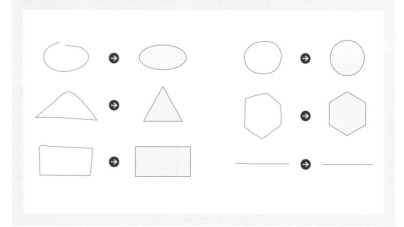

使用"Shaper 工具"，快速将图形分割、组合

单击"Shaper 工具"，将光标 ╬ 移到图形对象上，对某个区域进行涂抹。在使用"Shaper 工具"的过程中，光标 ╬ 触碰到图形的时候，就会显示虚线，方便看清图形重叠与非重叠的区域。

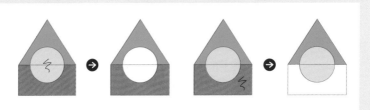

如果涂抹是在两个或更多形状的相交区域进行的，则相交的区域会被切出。

如果涂抹置于顶层的形状，所涂抹的是非重叠区域，则将被切出。

如果从非重叠区域到重叠区域涂抹，排列于顶层的形状将被切出。

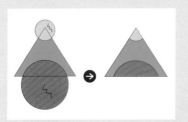
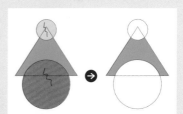

从非重叠区域到重叠区域涂抹，形状将被合并，合并区域的颜色为涂抹起点的颜色。

从重叠区域到非重叠区域涂抹，形状将被合并，合并区域的颜色为涂抹起点的颜色。

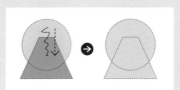

编辑 Shaper Group

在使用"Shaper工具"的过程中，经涂抹的图形便成为一个Shaper Group。此时将光标移到图形上，当图形显示虚线描边时，单击一下，就会显示定界框和箭头构件。如果单击其中一个形状，就会进入Shaper Group选择模式，此时可修改形状的填充颜色。

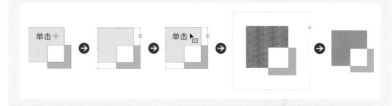

如果双击其中一个形状，就会进入 Shaper Group 构建模式，此时可对形状进行大小、位置和角度的调整。如果将该形状移出定界框，就会将它从 Shaper Group 中释放出去。

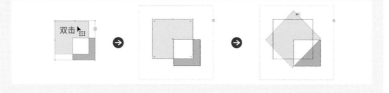

铅笔工具 (N)

虽然"铅笔工具"绘制出来的图形不如"钢笔工具"那么平滑、精准，但它操作简单，能快速绘制出不同形态的线条和形状。另外，还可以设置"铅笔工具"各选项的数值，操作方便。

"铅笔工具选项"对话框中各选项的含义

❶ **保真度:** 设置"铅笔工具"绘制曲线时路径上各点的精确度和平滑度。

❷ **选项:** 勾选**"填充新铅笔描边"**，在使用过程中，所绘制的图形会按当前填充颜色进行填充; 勾选**"保持选定"**，使绘制出的图形处于被选中状态; 勾选**"Option 键切换到平滑工具"**，当按"Option"键不放，光标会切换为平滑工具; 勾选**"当终端在此范围内时闭合路径"**，返回到起点范围

（双击工具栏"铅笔工具"，打开对话框）

内自动连接为闭合路径，取值范围为 0 ～ 20 像素，数值越大，当"铅笔工具"返回路径起点时，越容易形成闭合路径；**勾选"编辑所选路径"**，可使用铅笔工具来改变被选中图形的路径，并可在"范围"选项中设置编辑范围，取值范围为 0 ～ 20 像素，数值越大，当"铅笔工具"靠近路径时，越容易编辑路径。

使用"铅笔工具"绘图

在工具栏中选择"铅笔工具（N）"，将光标 ✏ 移到画板中，单击鼠标并拖动开始绘制。若要绘制开放路径的图形，释放鼠标即可。若要绘制封闭路径的图形，拖动光标返回到起点，当出现光标 ✏ 时，释放鼠标即可绘制一个封闭路径的图形。

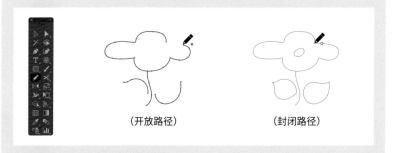

（开放路径）　　　　　　　（封闭路径）

使用"铅笔工具"编辑路径

如果对绘制的路径不满意，可重新使用"铅笔工具"快速编辑该路径。首先选中路径，再选择"铅笔工具"，将光标 ✏ 移到路径上的某一点或某一段，当光标变成 ✏ 时，单击并拖动鼠标，绘制完成后释放鼠标即可。

Tips

· 按"Alt"键不放，拖拽鼠标可绘制出直线。（前提需要在"铅笔工具选项"对话框中取消勾选"Option 键切换到平滑工具"选项；否则按"Option"键不放，会切换到"平滑工具"。）

· 按"Shift"键不放，拖拽鼠标可绘制水平、垂直或 45°整数倍角度方向的直线。

**路径橡皮擦
工具**

如果对绘制的路径不满意，可以使用"路径橡皮擦工具"擦去路径的某个部分或全部，也可以将一个路径分割为多个路径。

单击"选择工具（V）"，选中图形，再单击工具栏中的"路径橡皮擦工具"，在需要擦除的路径上单击鼠标，且不释放鼠标，继续拖动鼠标到要擦除的位置，释放鼠标即可将路径擦去。

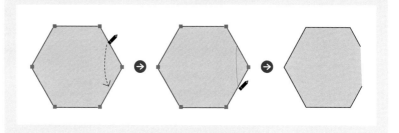

连接工具

"连接工具"主要作用是将两条线段或者没有闭合的两个锚点进行相连。其操作方便，不需要选择图形，直接涂抹即可。

在工具栏中选择"连接工具"，在需要连接的位置涂抹，就能将路径连接起来，形成闭合路径。

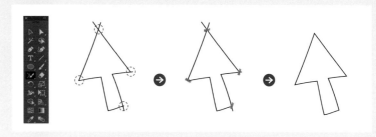

Tips　若两条线段或未闭合的两个锚点相隔太远，使用"连接工具"是起不了作用的。此时先选中两线段，再执行菜单栏中"对象"→"路径"→"连接（Ctrl+J）"命令，可将它们进行连接。

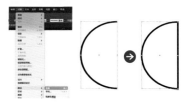

**橡皮擦工具
(Shift+E)**

◆

"橡皮擦工具"主要用来擦除对图形不满意的地方，但只能用于矢量图形。需要注意的是，"橡皮擦工具"擦除的部分会保留形成闭合路径。在使用前，可根据设计要求，设置"橡皮擦工具"的相关参数，如角度、圆度、大小。

"橡皮擦工具选项"对话框中各选项的含义

❶ **画笔形状编辑器：** 在该区域可以通过鼠标手动调整橡皮擦角度和圆度，而且还可以直观预览画笔修改后的效果。

（拖动箭头，调整画笔的角度）

（拖动小黑点，调整画笔的圆度）

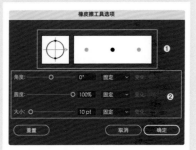

双击工具栏"橡皮擦工具"，打开对话框

❷ **角度、圆度、大小：** 分别设置"橡皮擦工具"的旋转角度、长宽比例和大小。在这3个选项右侧还有控制橡皮擦变化的选项列表，其中包含"固定、随机、压力、光笔轮、倾斜、方位、旋转"选项，以及"变量"选项。"变量"选项可以确定画笔变化范围的最大值和最小值。

擦除全部图形

在工具栏中选择"橡皮擦工具（Shift+E）"，单击鼠标拖动，鼠标经过的部分都会被擦除。

（擦除全部图形）

擦除被选中的图形

如果只想擦除某个图形，先使用"选择工具（V）"选中图形，再使用"橡皮擦工具"擦除被选中的图形，你会发现其他图形没被擦除，只擦除了选中的图形。

（擦除被选中的图形）

使用"橡皮擦工具"完成"笔画缺失"文字效果

输入文字后，并按鼠标右键选择"创建轮廓（Shift+Ctrl+O）"，再选择"橡皮擦工具（Shift+E）"，将光标移到需要擦除的部分，按"Alt"键不放，并拖动鼠标拉出矩形框，释放鼠标即可完整地擦除矩形区域。

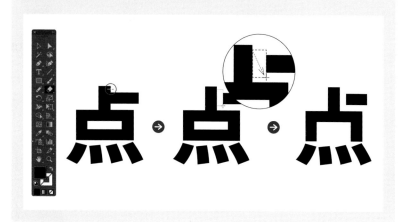

剪刀工具 (C)

✂

"剪刀工具"的作用主要是分割路径。它既能将一条线段分割成两条或多条，也可以将闭合路径的图形剪切为开放路径。利用"剪刀工具"可直接对对象进行分割，不需选中对象再选择剪切工具。

在工具栏中选择"剪刀工具（C）"，将光标 移到路径或锚点上，单击鼠标，即可分割路径，对于被分割的部分可以用"选择工具（V）"进行移动或删除等操作。

美工刀

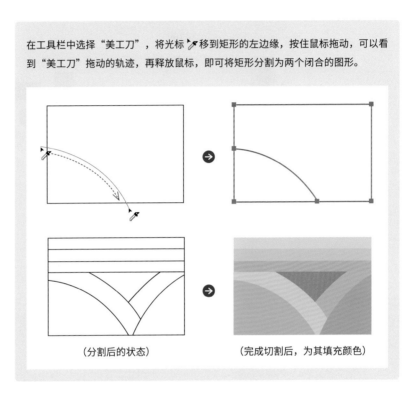

"美工刀"在 Illustrator 其他版本也叫"刻刀"，其作用与"剪刀工具"基本一样。"美工刀"只应用于闭合路径的对象，对于开放路径的对象则不起作用。按"Alt"键不放进行切割，可按直线切割。

在工具栏中选择"美工刀"，将光标✐移到矩形的左边缘，按住鼠标拖动，可以看到"美工刀"拖动的轨迹，再释放鼠标，即可将矩形分割为两个闭合的图形。

（分割后的状态）　　　　　　　　　　（完成切割后，为其填充颜色）

Tips

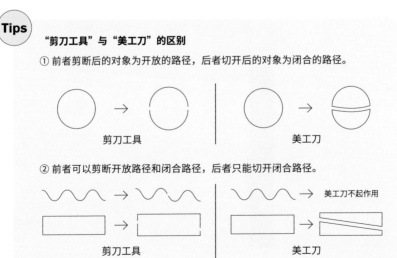

"剪刀工具"与"美工刀"的区别

① 前者剪断后的对象为开放的路径，后者切开后的对象为闭合的路径。

剪刀工具　　　　　　　　　　美工刀

② 前者可以剪断开放路径和闭合路径，后者只能切开闭合路径。

美工刀不起作用

剪刀工具　　　　　　　　　　美工刀

2.4
图形的选择工具

图形的选择工具在绘图的过程中，能起到相当重要的作用。如对图形对象进行选择、移动、缩放、复制和删除等操作。Illustrator 提供了 5 种图形选择工具，包括"选择工具""直接选择工具""编组选择工具""魔棒工具"和"套索工具"。

名称	快捷键
选择工具	V
直接选择工具	A
编组选择工具	无
魔棒工具	Y
套索工具	Q

选择工具

▶

在 Illustrator 中，"选择工具"是使用率最高的一个工具，它主要用于选取对象，选取后可对对象进行移动、缩放和复制等操作。

"点选"或"框选"对象

在工具栏中选择"选择工具（V）"后，用鼠标"点选"一个对象，也可以"框选"一个或多个对象，操作如下。

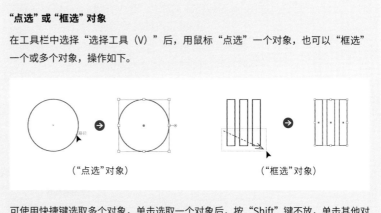

（"点选"对象）　　　　　　（"框选"对象）

可使用快捷键选取多个对象，单击选取一个对象后，按"Shift"键不放，单击其他对象，即可将其他对象一同选中。

复制对象

在工具栏中选择"选择工具（V）"后，选中一个或多个对象，按"Alt"键不放，将
鼠标移到对象路径上，当光标变为 ▶ 时，拖动所选对象，即可复制对象。

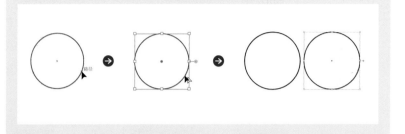

Tips

**执行"选择"→"对象"命令，选取特定类
型的对象**

另外，还可以执行菜单栏中"选择"→"对
象"子菜单中的命令，包括"同一图层上
的所有对象""方向手柄""毛刷画笔描
边""画笔描边""剪切蒙版""游离点""所
有文本对象""点状文字对象"和"区域
文字对象"。

直接选择工具

▷

"直接选择工具"与"选择工具"的用法基本一致，但"直接选择工具"
主要用来选取锚点或路径，以及控制曲线路径上的"手柄"。

在工具栏中选择"直接选择工具（A）"，按住鼠标拖拽一个矩形框，释放鼠标后即可
全选矩形框中对象的锚点。单击控制栏中的"边角"选项，设置边角类型、半径和圆角。

编组选择工具

"编组选择工具"主要用来选择编组中的图形对象，特别是对多个图形对象所创建的编组，使用"编组选择工具"能快速选中编组中的单个图形对象或编组中的组。但是"编组选择工具"只能选择图形对象，却不能修改图形对象的外观。

在工具栏中选择"编组选择工具"，将鼠标移动到已编组的图形对象中，单击一下其中一个图形，即可将其选中。若再次在这个图形上单击，即可选中此图形的编组。

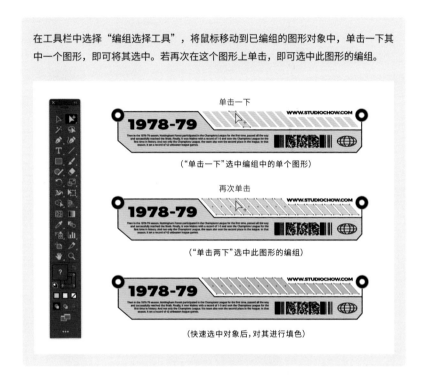

("单击一下"选中编组中的单个图形)

("单击两下"选中此图形的编组)

(快速选中对象后,对其进行填色)

魔棒工具 (Y)

利用"魔棒工具"能一次选取具有相同或相似属性的对象。例如在复杂的图像里，若要将颜色相同的形状选中，使用"魔棒工具"即可。

"魔棒"面板中各选项的含义

❶ **填充颜色:** 默认选择"填充颜色"，可以选取与填充颜色拥有相同或相似属性的对象。

❷ **描边颜色:** 选取与描边颜色拥有相同或相似属性的对象。

❸ **描边粗细:** 选取与描边粗细拥有相同或相似属性的对象。

双击工具栏中的"魔棒工具"，打开对话框。

❹ **不透明度:** 选取与不透明度拥有相同或相似属性的对象。

❺ **混合模式:** 选取相同混合模式的对象。

❻ **容差:** 控制所选定各项属性的相似程度。值越低,单击的对象与所选对象越相似;值越高,可选取的对象范围越广泛。

在工具栏中选择"魔棒工具(Y)",单击橙色圆形,即可全选画板中具有"填充橙色"属性的图形。

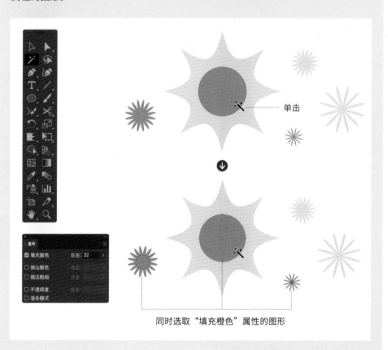

单击

同时选取"填充橙色"属性的图形

Tips

执行"选择"→"相同"命令,选取与它特征相同的其他对象

使用"选择工具(V)"选取一个对象后,执行"选择"→"相同"子菜单中的命令,包括"外观""外观属性""混合模式""填色和描边""填充颜色""不透明度""描边颜色"和"描边粗细"等属性,也可以选取与所选对象特征相同的其他对象。

套索工具（Q）

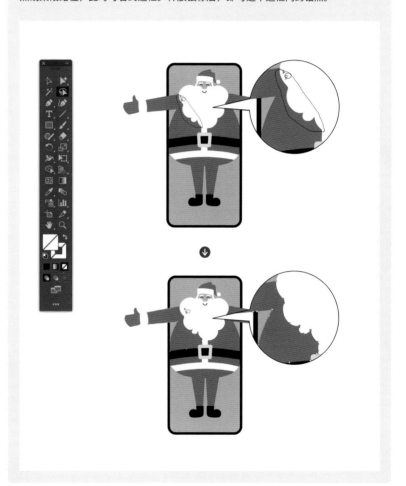

"套索工具"用于选取图形对象中的锚点、路径或整个图形。虽然 Illustrator 里有"选择工具"和"直接选择工具"，但"套索工具"能方便地拖出任意形状的选框来选取锚点，特别适用于对复杂图形的编辑。

在工具栏中选择"套索工具（Q）"，在适当的位置单击鼠标并拖动，圈出需要的锚点或某段路径，此时可看到选框。释放鼠标后，即可选中选框内的锚点。

Tips

在使用"套索工具"时，若要添加其他锚点、路径，可按住"Shift键（ ）"同时拖动鼠标即可添加；若要减去不需要的锚点、路径，可按住"Alt键（ ）"同时拖动鼠标即可减去。

WORKING WITH PEN TOOL

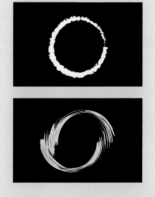

Lesson 3
画笔的应用

"画笔工具"是 Illustrator 中重要的工具之一,画笔可以使路径的外观具有不同的风格。而画笔的样式效果要通过"画笔工具"和"画笔"面板来设置,使设计作品更加具有艺术设计感。

3.1
画笔面板概述

"画笔工具"是 Illustrator 中重要的工具之一，画笔可以使路径的外观具有不同的风格。而画笔的样式效果要通过"画笔工具"和"画笔"面板来设置，使设计作品更加具有艺术设计感。

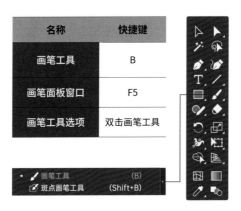

3.1.1
画笔面板
(F5)

"画笔"面板主要用于设置画笔的样式效果和管理画笔，如移去画笔描边、所选对象的选项、新建画笔、删除画笔等。执行菜单栏中的"窗口"→"画笔"命令，或按快捷键"F5"，即可打开"画笔"面板。

"画笔"面板中各选项的含义

❶ **画笔库菜单：**可打开预设的画笔样式效果，如软件自带的画笔库。

❷ **移去画笔描边：**移去应用于对象的画笔样式，恢复到默认的描边效果。

❸ **所选对象的选项：**打开画笔"描边选项"的对话框。

❹ **新建画笔：**打开"新建画笔"的对话框。在"画笔"面板中将某个画笔样式拖动到 ⊡ 按钮上，即可复制该画笔样式。

❺ **删除画笔：**若不想保留某些画笔，单击此按钮，即可将选定的画笔删除。

3.2
画笔种类及应用

Illustrator 为用户提供 5 种画笔，分别是书法画笔、散点画笔、图案画笔、毛刷画笔和艺术画笔。

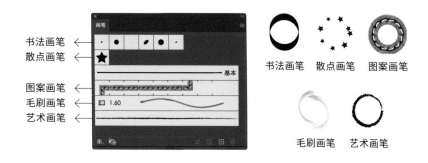

3.2.1
书法画笔

书法画笔类似于钢笔绘制出来的书法效果，带有一定倾斜角度。对于书法画笔的设置，既可以重新创建新的书法画笔，也可以修改软件自带的书法画笔。以下为新建书法画笔的步骤，以及"书法画笔选项"中各选项的含义。

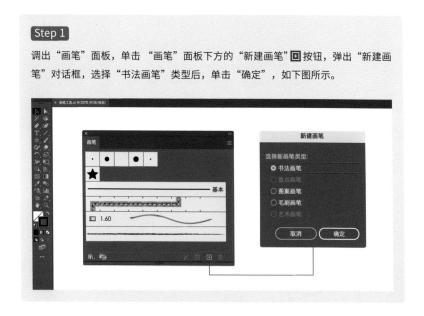

Step 2

选择"书法画笔"类型后，打开"书法画笔选项"对话框，对画笔的角度、圆度、大小等各项进行设置，最后单击"确定"，完成书法画笔的新建。

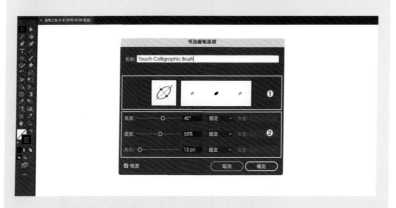

❶ **画笔形状编辑器**：在该区域可以通过鼠标来调整画笔角度和圆度，而且可以直观预览画笔修改后的效果。

（拖动箭头，调整画笔的角度）　　　　（拖动小黑点，调整画笔的圆度）

❷ **角度 / 圆度 / 大小**：分别设置画笔的旋转角度、长宽比例和画笔大小。

这 3 个选项右侧还有控制画笔变化的选项列表，其中包含"固定、随机、压力、光笔轮、倾斜、方位、旋转"选项，以及"变量"选项，其可以确定画笔角度、圆度和大小变化范围的最大值和最小值。

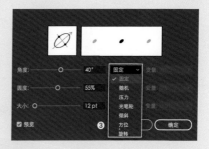

❸ **控制画笔变化的选项列表：**

固定：即角度、圆角和大小是固定不变的。

随机：随机改变画笔的角度、圆度和大小。此时可在"变量"文本框中输入数值，指定画笔角度、圆度和大小变化的范围。

压力、光笔轮、倾斜、方位、旋转：在使用数位板时，根据压感笔的压力创建不同角度、圆度和大小的画笔。这些选项在压感笔的情况下才可发挥作用。

Step 3

接着选中需要设置画笔样式的图形对象，然后在"画笔"面板单击刚才新建的书法画笔即可，如下图所示。

3.2.2
散点画笔

利用散点画笔可以使所创建图案沿着路径分布，产生分散的效果。新建散点画笔是不能直接单击 "画笔"面板下方的"新建画笔"⊞ 按钮来新建，需要先选中一个图形对象，然后将该图形对象创建成新的散点画笔。以下为新建散点画笔的步骤，以及"散点画笔选项"中各选项的含义。

Step 1

绘制好散点画笔的图形对象，并将其选中，再单击 "画笔"面板下方的"新建画笔"⊞ 按钮，弹出"新建画笔"对话框，选择"散点画笔"类型并单击"确定"，如下图所示。

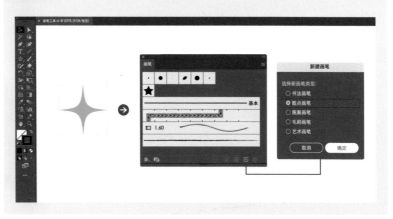

选择"散点画笔"类型后，打开"散点画笔选项"对话框，对画笔的大小、间距、分布及旋转等各项进行设置，最后单击"确定"。

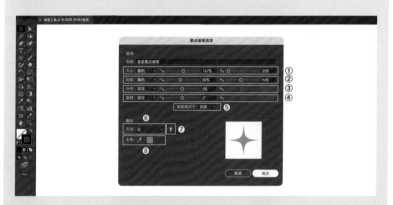

❶ **大小：**设置图形对象的大小。

❷ **间距：**设置图形对象之间的距离。

❸ **分布：**设置路径两侧图形对象与路径之间的接近程度。数值越高，图形对象与路径之间的距离越远。

❹ **旋转：**设置图形对象的旋转角度。

这4个选项还有控制画笔变化的下拉列表，其中包含"固定、随机、压力、光笔轮、倾斜、方位、旋转"选项，以及"变量"选项，其可以确定画笔变化范围的最大值和最小值。其含义及操作方法与书法画笔选项基本一致，这里不再赘述。

❺ **旋转相对于页面/路径：**在该项下拉列表中可以选择旋转的参照物，如旋转相对于"页面"或"路径"，效果如下图所示。

❻ **着色：** 设置图形的着色方式，在此选项的下拉列表中可选择其他选项，其中包含"无、色调、淡色和暗色、色相转换"选项。

无： 显示的颜色为图形原本颜色，即便描边为其他颜色，依然保持原本颜色。

色调： 以不同浓淡程度的描边颜色显示画笔颜色。图形中的黑色部分变成描边颜色，不是黑色部分变成描边颜色的淡色，白色部分保持不变。

淡色和暗色： 以不同浓度的描边颜色显示画笔颜色。保留图形中的黑色和白色，黑白之间的所有颜色则会根据描边颜色的不同灰度级别，显示不同浓淡程度的画笔颜色。

色相转换： 将图形的主色变成描边颜色。若图形包含其他颜色，则其他颜色变成与描边颜色相关的颜色，黑色、白色和灰色保持不变。

❼**着色提示：**单击此按钮，弹出"着色"和"着色提示"对话框，如下图所示。

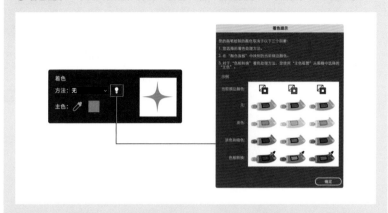

❽**主色：**对于多种颜色的图形作为散点画笔的情况，如果要改变主色，先单击主色的"吸管✐"，再移动鼠标到右侧的预览区域上，单击需要作为主色的图形，此时主色的色块就会变成该图形的颜色，如下图所示。再次单击"吸管✐"则可取消选择。

Step 3

完成散点画笔的新建后，接着选中需要设置画笔样式的对象，然后在"画笔"面板单击刚才新建的散点画笔即可，如下图所示。

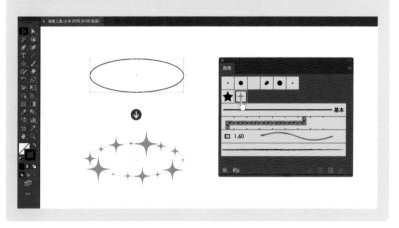

3.2.3
图案画笔

创建图案画笔前，先要制作好一个或多个图形对象转为图案，再创建图案画笔，其图形会沿着路径不断地重复拼贴。包含 5 种拼贴方式：外角拼贴、边线拼贴、内角拼贴、起点拼贴和终点拼贴。以下为新建图案画笔的步骤，以及"图案画笔选项"中各选项的含义。

Step 1

首先制作好用来创建图案画笔的图形对象，如下图，并将其拖进"色板"面板中，即可将图形对象转为图案。

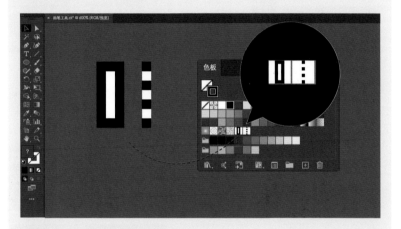

Step 2

再单击"画笔"面板下方的"新建画笔" □ 按钮，弹出"新建画笔"对话框，选择"图案画笔"类型并单击"确定"，如下图所示。

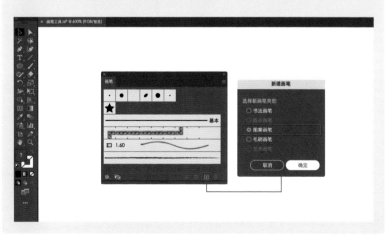

打开"图案画笔选项"对话框，对图案画笔进行详细设置。

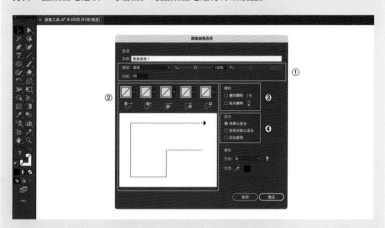

❶ **缩放：**设置相对于原始图形的缩放比例。

　　间距：设置图案之间的距离。

❷ **拼贴方式：**包含 5 种拼贴方式即外角拼贴、边线拼贴、内角拼贴、起点拼贴和终点拼贴。拼贴的目的是让图案在路径的不同位置，能以不同形式进行拼贴。每一种拼贴下方都有图示，用户可以根据图示很好地理解拼贴位置。

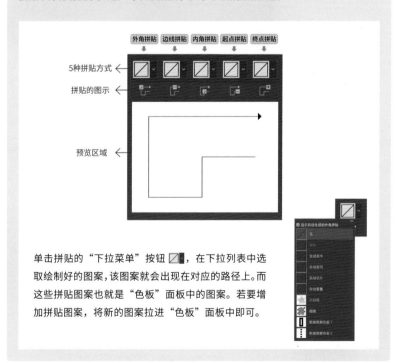

单击拼贴的"下拉菜单"按钮 ，在下拉列表中选取绘制好的图案，该图案就会出现在对应的路径上。而这些拼贴图案也就是"色板"面板中的图案。若要增加拼贴图案，将新的图案拉进"色板"面板中即可。

❸ **翻转：** 设置图案的翻转方向，包含 2 种翻转方式即"横向翻转"和"纵向翻转"。

❹ **适合：** 设置图案与路径的关系，包含 3 种适合方式即"伸展以适应""添加间距以适应""近似路径"。如以下图案所示。

● 伸展以适应	● 添加间距以适应	● 近似路径
以自动拉长或缩短图案的方式适合路径，可能会导致图案变形。	以添加图案间距的方式使图案适合路径，确保图案不变形。	在不改变图案拼贴的情况下，使其适合于最近似的路径。为了保持图案不变形，图案会向路径内侧或外侧移动。

Step 4

选择合适的拼贴方式，并设置其他选项，单击"确定"，完成图案画笔的新建。

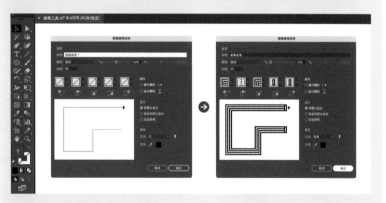

选中需要添加图案画笔的路径，然后在"画笔"面板单击刚才新建的图案画笔即可，效果如下图所示。

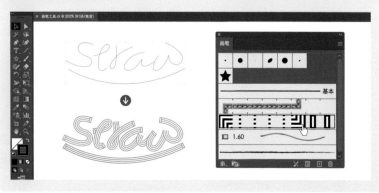

3.2.4
毛刷画笔

利用毛刷画笔可以绘制出带有毛刷痕迹的画笔效果，能很好地模拟使用真实画笔和介质（如水彩）的绘画效果。以下为新建毛刷画笔的步骤，以及"毛刷画笔选项"中各选项的含义。

Step 1

调出"画笔"面板，单击"画笔"面板下方的"新建画笔"□ 按钮来新建。弹出"新建画笔"对话框，选择"毛刷画笔"类型后，单击"确定"，如下图所示。

Step 2

打开"毛刷画笔选项"对话框，对毛刷画笔进行详细设置。

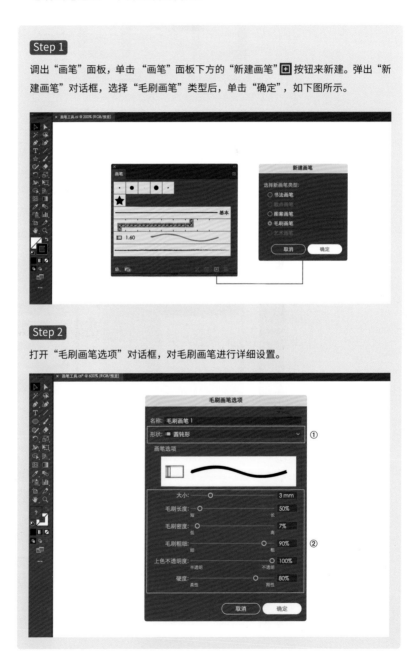

❶ **形状**：设置不同形状的毛刷画笔，包含10种类型形状，分别是圆点、圆钝形、圆曲线、圆角、团扇、平坦点、钝角、平曲线、平角、扇形。

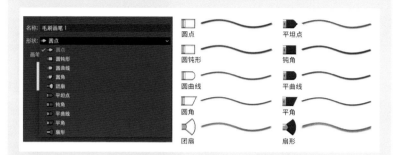

❷ **大小**：设置画笔的直径。

毛刷长度：从画笔与笔杆的接触点到毛刷尖的长度。

毛刷密度：毛刷颈部的毛刷数。

毛刷粗细：毛刷的粗细，从精细到粗糙（从1%到100%）。

上色不透明度：设置毛刷显色的不透明度。

硬度：表示毛刷的坚硬度。数值越低，毛刷越柔；数值越高，毛刷越硬。

Step 3

完成毛刷画笔的新建后，接着选中需要设置画笔样式的图形对象，在"画笔"面板单击刚才新建的毛刷画笔，效果如下图所示。但是目前描边过粗，显得图形不太完整，所以接下来调整描边粗细。

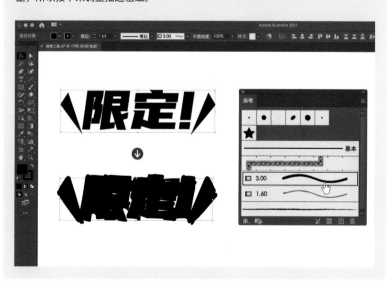

选中图形对象，单击上方的"描边粗细"选项，输入数值"0.2 pt"（具体根据图形大小和视觉需求而定）。

使用新建的毛刷画笔，完成不同风格的设计造型。

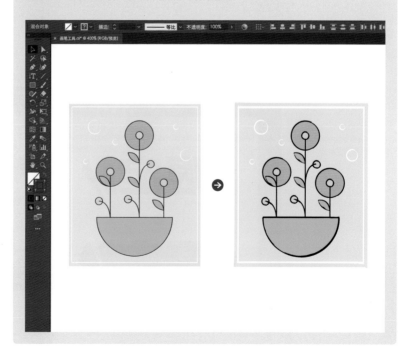

3.2.5
艺术画笔

艺术画笔通过伸展以适合描边长度。新建艺术画笔的步骤与新建散点画笔相似，都是需要先选中绘制好的图稿，再将该图稿创建成新的艺术画笔。以下为新建艺术画笔的步骤，以及"艺术画笔选项"中各选项的含义。

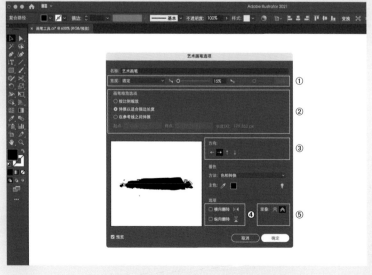

Step 1

准备好艺术画笔的图稿，并将其选中，再单击 "画笔"面板下方的"新建画笔"回按钮。弹出新建画笔对话框，选择"艺术画笔"类型并单击"确定"，如下图所示。

Step 2

打开"艺术画笔选项"对话框，对艺术画笔进行详细设置。

❶ 宽度： 设置相对于原始图形的缩放比例。

❷ 画笔缩放选项： 设置图稿与路径伸展缩放的方式，包含3种方式即"按比例缩放"、"伸展以适合描边长度"和"在参考线之间伸展"。为了展示缩放各选项，现使用其他的图稿来示范，如下图所示。

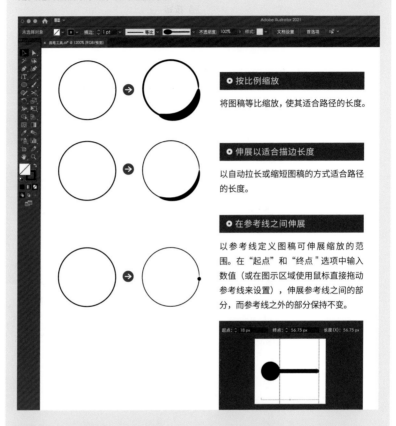

❸ 方向： 设置图稿位于路径的方向，可以选择4个方向来调整，如下图所示。

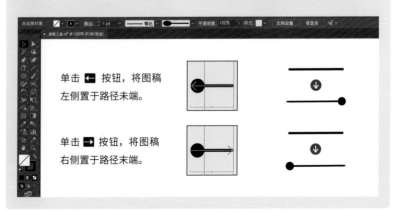

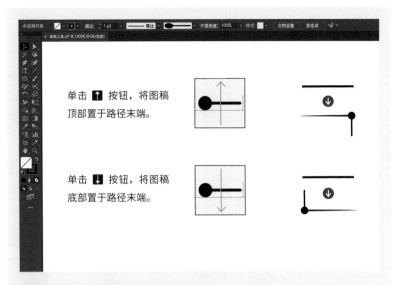

单击 ⬆ 按钮，将图稿顶部置于路径末端。

单击 ⬇ 按钮，将图稿底部置于路径末端。

❹ **横向翻转 / 纵向翻转**：设置图稿的翻转方向。

❺ **重叠**：设置图稿边角和皱折是否需要重叠。

Step 3

绘制需要添加艺术画笔的对象，字体为"FC 勘亭流江户文字"，大标题字号为 48 pt，小标题字号为 14 pt。打开"外观"面板，先选中"百年传承"文字，再单击面板左下角"添加新描边" ▣ 按钮。接着设置描边颜色及粗细，如下图所示。

完成描边设置后，再次全选对象，单击"画笔"面板中新建的艺术画笔，效果如下
图所示。

添加艺术画笔后，发现描边过粗，需要将其调细一些。选中"百年传承"文字，单
击上方的"描边粗细" ▽ 按钮，在下拉列表中选择"0.5 pt"，如下图所示。

Step 6

其他部分的描边粗细调整与上一步的操作一致。字体为"FC 勘亭流江戸文字",描边粗细为 0.25 pt,小圆形描边粗细为 0.75 pt。调整的目的是保留文字的识别度,所以要设置的粗细程度也因视觉需求而定。

Step 7

放大文字能看到其具有古风书法笔触的质感。另外,还可以直接在这些文字上更改信息内容,也会自带艺术画笔的效果,注意需要调整描边粗细。

瞬間消失

ADJUST & TRANSFORM

Lesson 4
对象的调节和变换

本课内容主要讲解"路径编辑"命令和"变换工具",使用此命令和工具可以对路径进行连接、平均分布、轮廓化描边、偏移路径、旋转、镜像、缩放、倾斜、操控变形等操作。

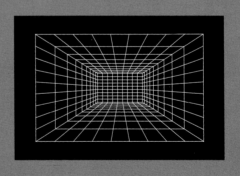

4.1
路径编辑命令

路径编辑命令可以对路径进行连接、平均分布、轮廓化描边、偏移路径、简化等处理，下面详细讲解几个较为常用的命令。

名称	快捷键
连接路径	Ctrl+J
平均路径	Alt+Ctrl+J
轮廓化描边	无
偏移路径	无
分割为网格	无

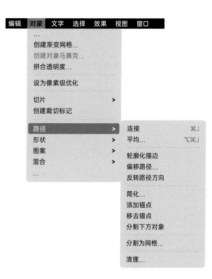

4.1.1
连接路径
(Ctrl+J)

"连接路径"命令的作用是将两个开放路径的锚点连接成一条路径，或者形成闭合的图形对象。"连接路径"命令和"连接工具"的作用一样，只是"连接工具"操作更方便，而且不需要选中路径对象，直接在锚点上拖动鼠标便可连接路径。

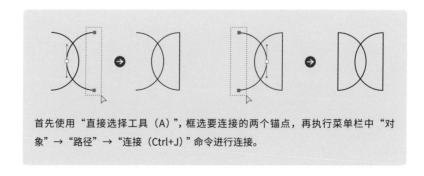

首先使用"直接选择工具（A）"，框选要连接的两个锚点，再执行菜单栏中"对象"→"路径"→"连接（Ctrl+J）"命令进行连接。

4.1.2
平均路径
(Alt+Ctrl+J)

"平均路径"命令可将所选的多个锚点均匀分布，如按"水平""垂直"或"两者兼有"三种位置来对齐。

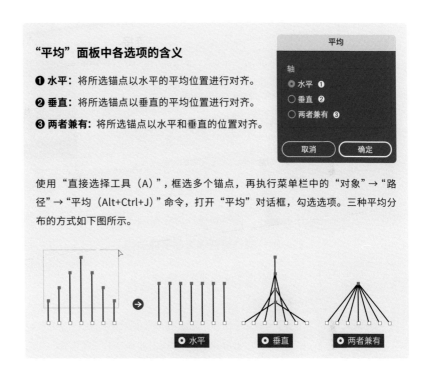

"平均"面板中各选项的含义

❶ **水平:** 将所选锚点以水平的平均位置进行对齐。

❷ **垂直:** 将所选锚点以垂直的平均位置进行对齐。

❸ **两者兼有:** 将所选锚点以水平和垂直的位置对齐。

使用"直接选择工具（A）"，框选多个锚点，再执行菜单栏中的"对象"→"路径"→"平均（Alt+Ctrl+J）"命令，打开"平均"对话框，勾选选项。三种平均分布的方式如下图所示。

❿ 水平　　❿ 垂直　　❿ 两者兼有

4.1.3
轮廓化描边

执行"对象"→"路径"→"轮廓化描边"命令，可以将所选对象的描边路径转为封闭的填充图形对象。

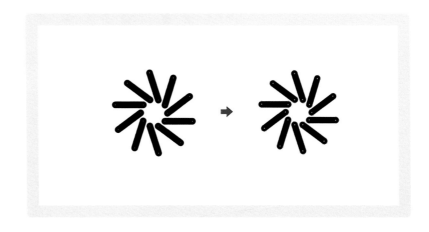

4.1.4
偏移路径

"偏移路径"命令通过设置位移的值来向外扩张或向内收缩路径形状，最终产生两条路径。

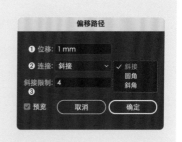

"偏移路径"面板中各选项的含义

❶ **位移**：设置路径偏移的位置。正值为向外扩张；负值为向内收缩。

❷ **连接**：设置角点连接处的连接方式，包括"斜接""圆角"和"斜角"三种方式。

❸ **斜接限制**：设置尖角的限制程度。

下面通过"偏移路径"命令来制作两种不同的字体效果，操作方法如下。

第一种：制作笔画消失的字体效果。

Step 1

输入文字。字体为"Noto Serif CJK SC-Black"，字号为 45 pt。并对其执行"创建轮廓（Ctrl+Shift+O）"命令。如果不进行创建轮廓，则无法使用偏移路径命令。

瞬间消失

字符：Q～ Noto Serif CJK SC ～ ｜ Black ～ ｜ ↕ 45 pt ～

Step 2

接着继续执行"对象"→"路径"→"偏移路径"命令，弹出对话框并设置参数。位移为 -0.3 mm，连接为斜接，斜接限制为 7，如下图所示。

红色部分即为向内收缩偏移所形成的新路径对象

Step 3

将上一步完成的偏移路径对象进行取消编组，执行"对象"→"取消编组"。取消编组之后，使用"选择工具（V）"将中间收缩的新路径单独移出来，即可完成笔画消失的字体效果设计。

第二种：制作手绘肌理拼贴字体效果。

Step 1

输入文字。字体为"优设标题黑 Regular"，字号为45 pt，并对其执行"创建轮廓（Ctrl+Shift+O）"命令，调整每个字的旋转角度。

Step 2

接着继续执行菜单栏的"对象"→"路径"→"偏移路径"命令。弹出对话框并设置参数，位移为2 mm，连接为斜角，斜接限制为10。

红色部分即为向外扩张偏移所形成的新路径对象

Step 3

将上一步完成的偏移路径对象进行取消编组，执行"对象"→"取消编组"。取消编组之后，再使用"选择工具（V）"将中间部分的字和偏移后的新路径对象分别填充颜色，并调整其排列位置，如下图所示。

■ #D0121B　　□ #E9D9C6

Step 4

接着完成手绘肌理的效果，需要设置画笔。选取中间部分的文字，进行描边处理，描边为 2 pt，如下图所示。

单击控制栏的描边"画笔定义"按钮，展开下拉菜单后选择"手绘画笔矢量包01"，由于描边选项的参数为默认值，所以选中笔刷后，描边会显得很杂乱，所以下一步需要重新设置参数。

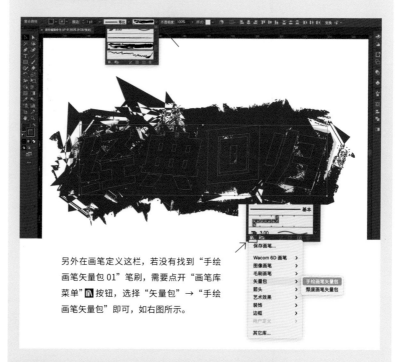

另外在画笔定义这栏，若没有找到"手绘画笔矢量包 01"笔刷，需要点开"画笔库菜单"按钮，选择"矢量包"→"手绘画笔矢量包"即可，如右图所示。

单击描边"画笔定义"菜单下方的"所选对象的选项"按钮，弹出"描边选项（艺术画笔）"对话框，设置大小为固定最小值 5%，单击"确定"。

Step 7

同理，扩张偏移的部分也使用同样的方法来处理。最后完成手绘肌理拼贴的字体效果。

Tips

"对象"中的"偏移路径"命令与"效果"中的"偏移路径"命令的异同

① 两者的作用基本一样。"对象"中的"偏移路径"命令将选中路径生成两条路径，若后期想要再修改，则无法重新调整。而"效果"中的"偏移路径"命令只是在外观上发生变化，只有一条路径，应用了效果菜单中的功能后，如需修改，可通过外观面板修改参数。

② "对象"中的"偏移路径"命令不能直接应用于文字，需对文字"创建轮廓"后才起作用。而"效果"中的"偏移路径"命令可以直接应用于文字上，而且在不扩展的前提下，后期还能修改文字内容。

③ 为了方便后期的修改，一般情况下会使用"效果"中的"偏移路径"命令。

4.1.5
分割为网格

"分割为网格"命令是将图形对象以网格的形式进行分割，使用该命令可以制作网格背景图，还可以创建版面编排网格线。应用此命令时，选择的图形对象必须是一个或多个封闭路径对象（或矩形），否则会弹出错误提示。

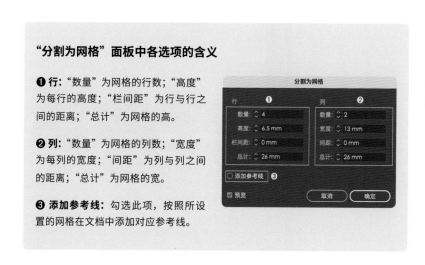

"分割为网格"面板中各选项的含义

❶ **行：**"数量"为网格的行数；"高度"为每行的高度；"栏间距"为行与行之间的距离；"总计"为网格的高。

❷ **列：**"数量"为网格的列数；"宽度"为每列的宽度；"间距"为列与列之间的距离；"总计"为网格的宽。

❸ **添加参考线：**勾选此项，按照所设置的网格在文档中添加对应参考线。

下面使用"分割为网格"命令来创建网格参考线，操作方法如下。

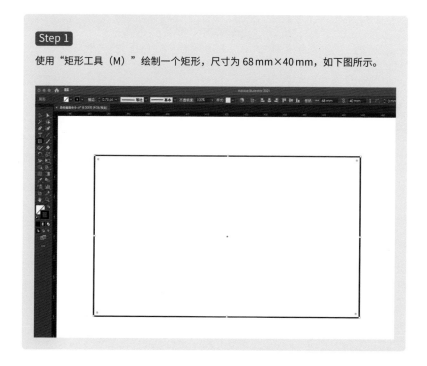

Step 1

使用"矩形工具（M）"绘制一个矩形，尺寸为 68 mm×40 mm，如下图所示。

Step 2

选中矩形，执行"对象"→"路径"→"分割为网格"命令，弹出"分割为网格"对话框，根据设计需求设置网格的数量及大小，如下图所示。

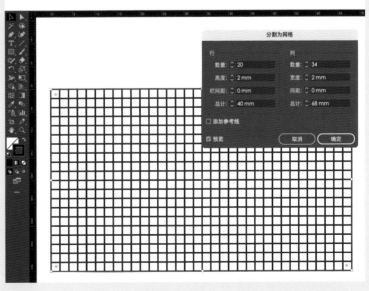

将分割的网格转为参考线，方便编排和布局版面元素。全选网格，单击鼠标右键，弹出菜单后选择"建立参考线"。或者执行"视图"→"参考线"→"建立参考线（Ctrl+5）"命令。

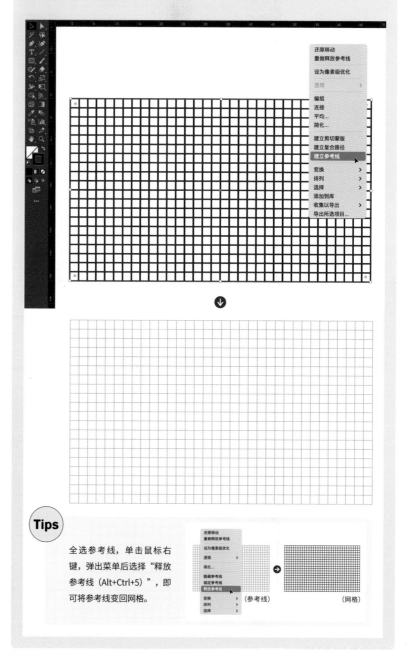

Tips

全选参考线，单击鼠标右键，弹出菜单后选择"释放参考线（Alt+Ctrl+5）"，即可将参考线变回网格。

Step 4

完成网格线的设置后，即可根据它来辅助和规划版面元素的编排布局，如下图所示。

4.2
变换工具

使用如下图所示的变换工具，可以对对象进行旋转、镜像、缩放、倾斜、操控变形等变换操作。除了使用工具来变换，还可以用执行菜单命令的方式来完成。

名称	快捷键
旋转工具	R
镜像工具	O
比例缩放工具	S
倾斜工具	无
整形工具	无
自由变换工具	E
操控变形工具	无

4.2.1
旋转工具
（R）

"旋转工具"常用来旋转图形对象。它不但可以沿图形的默认中心点来旋转，还可以自行移动中心点的位置来旋转图形。双击"旋转工具（R）"，打开对话框，设置相关的参数，可让旋转更灵活。

"旋转"面板中各选项的含义

❶ **角度：** 指图形对象旋转的角度，取值范围为 -360°～ 360°。负值按顺时针旋转，正值则按逆时针旋转。

❷ **选项：** 设置旋转的目标对象。只勾选"变换对象"则旋转图形对象；只勾选"变换图案"则旋转图形中填充的图案；若两者都勾选，则图形对象和图形中填充的图案一并旋转。

❸ **复制：** 单击该按钮，则按所设置参数复制出一个旋转的图形对象。

下面通过旋转时针的案例来演示"旋转工具"的使用步骤。

首先选中时钟的时针，再单击工具栏的"旋转工具（R）"，此时光标变为图标"-┼-"，图形也会出现一个默认的中心点 ⊕ 。再将鼠标光标移动到任一位置，按住鼠标不放并顺时针拖动，则可看到时针围绕默认的中心点旋转，如下图所示。

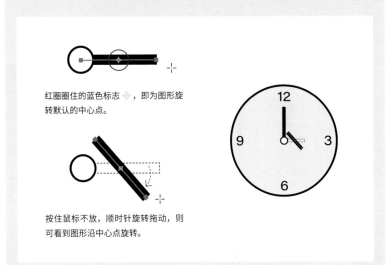

红圈圈住的蓝色标志 ◈ ，即为图形旋转默认的中心点。

按住鼠标不放，顺时针旋转拖动，则可看到图形沿中心点旋转。

为了让时针能像钟表一样正常绕转行走，需要将中心点移到时针的最左端。同样先选中时针图形，再单击"旋转工具（R）"，当光标变为"-┼-"时，将鼠标移到图形的左端并单击，即可完成中心点位置设定，再进行旋转，如下图所示。若要重新设定它的位置，在面板上任意位置单击鼠标即可。

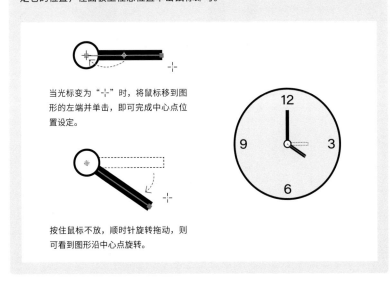

当光标变为"-┼-"时，将鼠标移到图形的左端并单击，即可完成中心点位置设定。

按住鼠标不放，顺时针旋转拖动，则可看到图形沿中心点旋转。

打开对话框，复制旋转图形

若要精确设置旋转的角度，先选中图形，再单击"旋转工具（R）"，按着"Alt"键不放，当光标显示为"⊹"时，单击需要设置的中心点位置。单击后会弹出"旋转"对话框，根据需求精确设定参数。若要复制，单击"复制"按钮，即可复制出一个沿中心点逆时针旋转30°的图形，如下图所示。

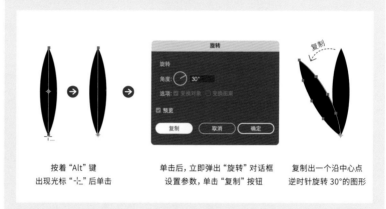

按着"Alt"键　　　　　单击后，立即弹出"旋转"对话框　　　复制出一个沿中心点
出现光标"⊹"后单击　　设置参数，单击"复制"按钮　　　逆时针旋转30°的图形

若想再次按同角度旋转来复制相同的图形，可通过"Ctrl+D"键即可复制一个图形，多次按"Ctrl+D"键则可快速复制出多个图形。最后将复制后的图形执行"编组（Ctrl+G）"命令，再执行"效果"→"路径查找器"→"差集"命令，如下图所示。

多次按　　　　　　　编组→差集
"Ctrl+D"快捷键

Tips

快捷键"Ctrl+D"与"再次变换"的含义

快捷键"Ctrl+D"的作用是可以重复执行与上一步相同的变换操作。多次按"Ctrl+D"键即可复制多个图形对象。这也是菜单栏中"对象"→"变换"→"再次变换"命令的快捷键。例如，移动复制、镜像复制、旋转复制等操作都可使用此快捷键来重复进行。

4.2.2
镜像工具
(O)

▷◁

"镜像工具"是以指定的轴来翻转对象，一般用来绘制对称图形或倒影。若要精确地镜像对象，可以双击"镜像工具（O）"，打开对话框，设置精确的参数。

"镜像"面板中各选项的含义

❶ **轴**："水平"以水平轴线为基础进行镜像，图形进行上下镜像；"垂直"以垂直轴线为基础进行镜像，图形进行左右镜像；"角度"以输入的角度值为基础进行镜像，范围为 -360°～ 360°。

❷ **选项**：勾选"变换对象"则镜像图形对象；勾选"变换图案"则镜像图形中填充的图案；若两者都勾选，则图形对象和图形中填充的图案一并镜像。

❸ **复制**：单击该按钮，则按所设置参数复制出一个镜像图形对象。

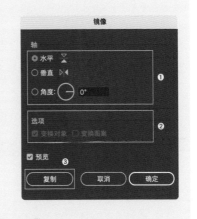

Step 1

使用"选择工具（V）"，将图形选中。

Step 2

再选择"镜像工具（O）"，此时光标显示为"-¦-"，将光标移到新的轴点位置，并单击。

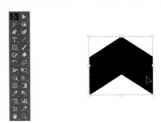

确定新的轴点后，按"Shift"键的同时，单击光标 ▶ 并顺时针拖动，即可以 90°倍数镜像图形，如右图所示。

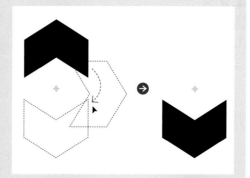

复制镜像图形

若要复制镜像图形，按"Alt"键的同时，当光标 ▶ 变为 ▶▶，单击并顺时针拖动，即可复制镜像图形。同理，按"Shift+Alt"键可以90°倍数复制镜像图形，如右图所示。

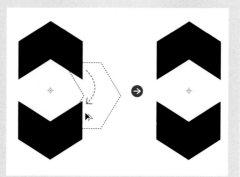

通过对话框，复制镜像图形

先选中图形，再单击"镜像工具 (O)"，按"Alt"键不放。当光标显示为 ┼ 时，在需要设置的轴点位置单击一下，单击后弹出"镜像"对话框，根据需求精确设定参数，再单击"复制"按钮，如右图所示。

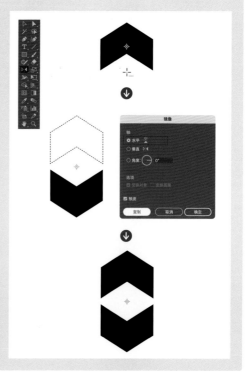

4.2.3
比例缩放
工具
(S)

利用"比例缩放工具"可以对对象进行任意的缩放操作，与缩放命令起同样的作用。选中"比例缩放工具（S）"后，对象就会出现一个边界框。水平拖动鼠标即水平缩放，垂直拖动鼠标即垂直缩放，拖动边界框的操作点可按中心缩放。双击"比例缩放工具（S）"，打开对话框，可设置精确的参数来缩放对象。

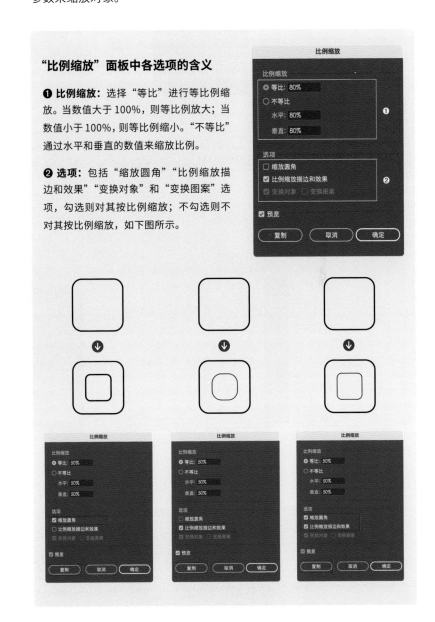

使用"矩形工具（M）"绘制一个矩形，并将其透明度设置为5%。

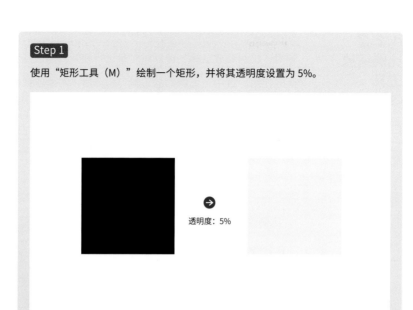

透明度：5%

Step 2

双击"比例缩放工具（S）"，弹出对话框，设置参数后单击"复制"按钮。

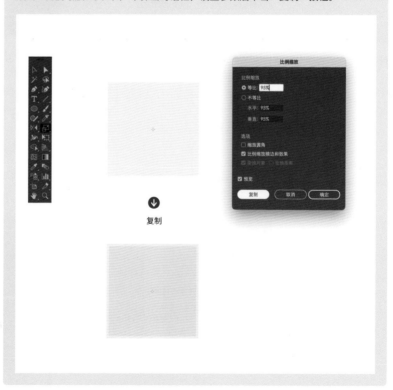

复制

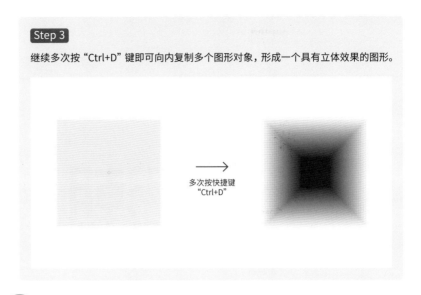

Step 3

继续多次按"Ctrl+D"键即可向内复制多个图形对象，形成一个具有立体效果的图形。

多次按快捷键
"Ctrl+D"

Tips

有关更多"比例缩放工具（S）"的使用方法，请翻看 308、340 页的案例。

4.2.4
倾斜工具

利用"倾斜工具"可以使对象形成倾斜效果，与"倾斜"命令起同样的作用。双击"倾斜工具"，打开对话框，可设定精确的参数来倾斜对象。

"倾斜"面板中各选项的含义

❶ **倾斜角度：**设置对象与轴之间的夹角大小，取值范围为 -360°～ 360°。

❷ **轴：**"水平"表示轴为水平方向；"垂直"表示轴为垂直方向；"角度"表示不同角度的参考轴。

❸ **选项：**与前面变换工具所述的一致。

使用"文字工具（T）"创建文字，内容可自定义。如输入"潮"字，字体为"站酷文艺体"（可商用字体）。

潮

Step 2

再选择"倾斜工具"，此时文字上的倾斜轴点在左下角，需将轴点移到文字中间。所以按住"Alt"键不放，当光标"-¦-"变为"-¦-"之后，立即移到字体的中间，并单击。单击后弹出"倾斜"对话框，设置倾斜角度为30°，轴为水平，单击确定，如下图所示。

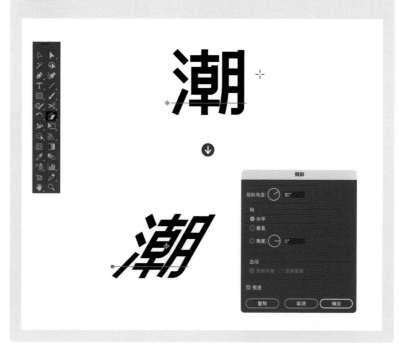

Step 3

完成倾斜操作后，需要将其旋转。选中文字，再单击"旋转工具（R）"，此时旋转的中心点依然在文字左下角，需将中心点移到文字中间，操作方法与 Step 2 一致。弹出"旋转"对话框，设置旋转角度为 15°，单击"确定"，如下图所示。

Step 4

完成文字的角度设置后，接着填充渐变色。由于对没有文字进行"创建轮廓"命令，因此直接使用填充渐变色不起作用。此时需要调出"外观（Shift+F6）"面板，先将文字的填充颜色去掉，再单击外观面板下方"添加新填色"□ 按钮。

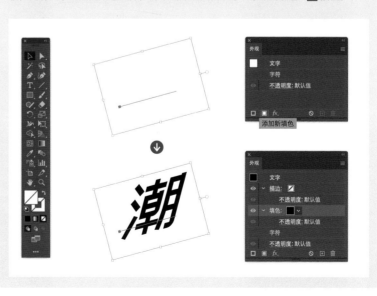

添加新填色后，再单击"填色"选项的"下拉菜单" ✔ 按钮，选择渐变红色，完成文字的渐变色填充。

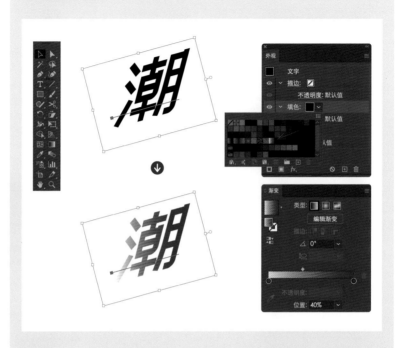

继续添加新的文字内容。使用"选择工具（V）"选中上一步完成的渐变色文字，复制并粘贴，再使用"文字工具（T）"输入新的内容即可，最后完成编排并更改背景颜色，形成立体的视觉效果。

4.2.5
整形工具

如果要改变图形对象的形状，需要逐一调整锚点的位置才行。而使用"整形工具"可以在不影响对象整体形状的情况下，统一调整多个锚点。

首先使用"直接选择工具（A）"框选图形对象中需要调整的锚点，接着使用"整形工具"拖拽锚点，即可移动框选的锚点，而没有框选的锚点不会被改变。

使用"直接选择工具（A）"选取直线段，再切换到"整形工具"拖拽，将直线段变为曲线段。

4.2.6
自由变换
工具
(E)

"自由变换工具"是一个综合性的变形工具，可以对图形对象进行移动、缩放、旋转、倾斜和扭曲，甚至透视处理。

首先使用"选择工具（V）"选中图形对象，再单击工具栏中的"自由变换工具（E）"，单击后会弹出一个小的工具栏，如右图所示。其中包括"限制" 、"自由变换" 、"透视扭曲" 和"自由扭曲" 四个工具。

自由变换

使用"选择工具（V）"选中图形对象后，再单击"自由变换工具（E）"，将光标移到图形上方的控制点上，当光标显示为 ✛ 时，单击鼠标拖拽，可自由变换为倾斜状态，释放鼠标。再为其填充颜色，形成图形的阴影部分。

自由变换 和限制

当同时选择"自由变换"与"限制"时，将对图形对象进行比例缩放、旋转、倾斜和透视等变换，如以下操作。

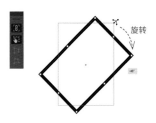

将光标移到图形右上角的控制点上，当光标显示为 时，单击鼠标并顺时针旋转图形，则图形按 45°倍数旋转。

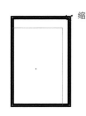

将光标移到图形右上角的控制点上，当光标显示为 时，单击鼠标并向外（内）拖动，即可等比例缩放图形。若按住"Alt"键的同时进行拖拽，即可以中心点为基准等比例放大缩放图形。

将光标移到图形边界框上方的中间控制点上，当光标显示为 ✛ 时，单击鼠标并水平拖动，即可等比例倾斜图形。

将光标移到图形边界框上方的中间控制点上，当光标显示为 ✛ 时，单击鼠标不放，并按住"Alt"键的同时向水平方向拖动光标，即可将图形按比例变形为平行四边形。

| 将光标移到图形右上角的控制点上，当光标显示为 时，单击鼠标不放，并按住"Alt+Ctrl"快捷键的同时向水平（垂直）方向拖动光标，即可将图形按比例变形为梯形。 | 将光标移到图形右上角的控制点上，当光标显示为 时，单击鼠标不放，并按住"Ctrl"键的同时向水平（垂直）方向拖动光标，即可限制图形只按水平或垂直轴进行斜切变形。 |

透视扭曲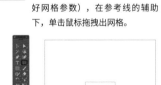

在弹出的工具栏中选择"透视扭曲"，将光标移到图形的其中一个控制点上，当光标显示为 时，单击鼠标拖动，即可将图形自由变换为透视图形。下面结合此工具来完成透视网格背景的制作。

Step 1 使用"矩形工具（M）"绘制矩形，作为参考线。

Step 2 选择"矩形网格工具"（提前设置好网格参数），在参考线的辅助下，单击鼠标拖拽出网格。

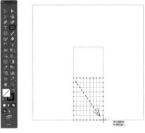

Step 3 接着选择"自由变换工具（E）"，单击"透视扭曲"。将光标移到网格右下角的控制点上。

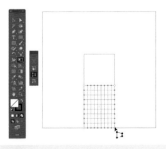

Step 4 单击鼠标向右拖动，此时图形变成透视图形。

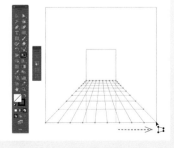

Step 5 然后选择"旋转工具（R）"，将光标移到中心点位置，并按"Alt"键不动，当光标
显示为 ┼ 时，单击鼠标，弹出"旋转"对话框，设置角度为90°，单击"复制"按钮。

Step 6 接着按两次"Ctrl+D"快捷键，即可再次复制上一步旋转所得的图形，完成。

自由扭曲 ⊡

"自由扭曲"只对一个角进行拖动改变。在弹出的工具栏中选择"自由扭曲"，将光
标移到图形的其中一个控制点上，当光标显示为 ⊡ 时，单击鼠标拖拽，即可改变控
制点的位置，从而扭曲图形。

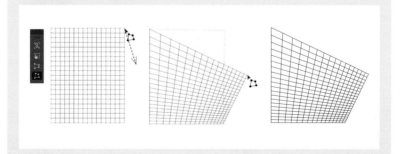

Tips 另外，同时选择工具栏中的"自由扭曲"和"限制"，可对图形进行等
角度比例限制扭曲。

4.2.7
操控变形
工具
✦

使用"操控变形工具"可以对图稿的某些部分进行扭转和扭曲，甚至还可以添加、移动和旋转点，使变换看起来更自然。

拖动控制点

使用"选择工具（V）"选取要变换的图稿，再从工具栏中选择"操控变形工具"，此时图稿会显示多个控制点和网格，单击并拖动控制点可变换图稿。

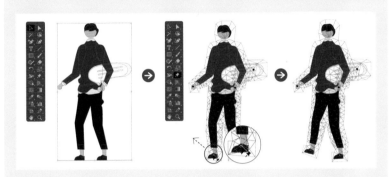

添加控制点

将光标移到图稿某个部位，当光标显示为 ✦₊ 时，单击鼠标，即可添加控制点，随后拖拽控制点即可扭曲。另外，当光标移到虚线圆圈上，光标显示为 ↰ 时，拖拽鼠标，可将图稿扭转。

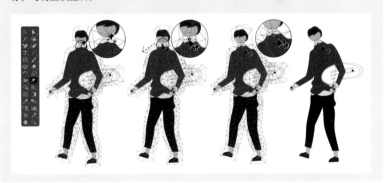

Tips

在使用"操控变形工具"时
可在控制栏中设置以下选项

选择所有点 | 扩展网格：2 px | > | ☑ 显示网格

选择所有点：单击此按钮，可选择图稿上的所有控制点。

扩展网格：通过调整数值将分散的对象整合起来，以便使用操控变形工具对它们进行变换。

显示网格：取消勾选后，只会显示用于调整的点。

WORKING WITH COLOURS

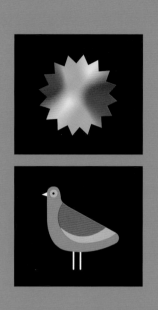

Lesson 5
图形的色彩应用

本课内容包括"图形填色及描边"与"编辑颜色"命令操作,让设计工作者了解色彩工具及命令的使用。如描边的设置,可通过改变描边的粗细、端点、边角、对齐描边方式的属性来制作出不同的图案,以便提高工作效率。

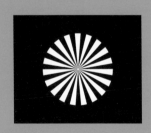

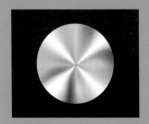

5.1
图形填色及描边

色彩作为设计的主要元素之一，它的视觉传递作用往往在创意中会得到加强。本课会讲解 Illustrator 对图形进行单色填充、描边填充、渐变填充、图案填充等操作，以及各种设置颜色的方法。

名称	快捷键
实时上色工具	K
实时上色选择工具	Shift+L
渐变工具	G
渐变面板	Ctrl+F9
颜色面板	F6
色板面板	无
图案选项面板	无

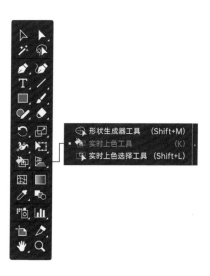

5.1.1
颜色填充

颜色填充是最基本的颜色设置操作，也叫实色填充。可通过"颜色"或"色板"面板来进行填色，下面介绍这两个面板中各选项的含义。

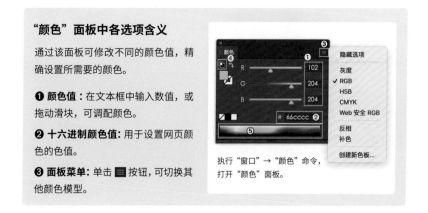

"颜色"面板中各选项含义

通过该面板可修改不同的颜色值，精确设置所需要的颜色。

❶ **颜色值：** 在文本框中输入数值，或拖动滑块，可调配颜色。

❷ **十六进制颜色值：** 用于设置网页颜色的色值。

❸ **面板菜单：** 单击 按钮，可切换其他颜色模型。

执行"窗口"→"颜色"命令，打开"颜色"面板。

❹ **切换默认色值：**单击 ▣ 按钮，可恢复为默认的黑白填色和描边。

❺ **色谱：**将光标移到面板底部，当光标显示为 ↕ 时，单击鼠标向下拖动，可增大色谱的显示范围。接着将鼠标移到色谱上，当光标显示为 ⌖ 时，即可采集鼠标所单击的颜色。

向下拖拽

Tips

快速调整颜色的明度

在"颜色"面板中，按"Shift"键的同时拖拽其中一个滑块，即可同时移动与其关联的其他滑块，这样能快速得到不同深浅的颜色。

按"Shift"键的同时，拖拽滑块

"色板"面板各选项含义

主要用来存放颜色，包括颜色、渐变和图案。

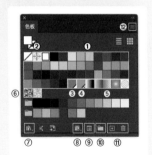

❶ **印刷色：**四种标准印刷色（青色、洋红色、黄色和黑色）混合而成的颜色。

❷ **套版色：**内置的色板 ▦ ，且不可将其删除和编辑。利用它来填充或描边，可以用 PostScript 打印机进行分色打印。

执行"窗口"→"色板"命令，打开"色板"面板。

❸ **全局印刷色：**编辑全局色，可以让图稿中所有使用该色板的对象自动更新颜色。色板右下角出现的三角形 ◢ 标识表示全局印刷色色板。

❹ **专色：**预先混合的油墨颜色，如 Pantone、荧光色等，可用于代替或补充 CMYK 四色。色板右下角出现的三角形带有点 ◢ 标识表示专色色板。

❺ **渐变色板：**由两种或两种以上颜色组成。

❻ **图案色板：**在 Illustrator 中创建的任何图形、图像等都可以定义为图案。用作图案的基本图形可以使用渐变、混合和蒙版等效果。

❼ **"色板库"菜单:** 单击 🔳 按钮,下拉菜单中显示预设颜色的合集。

❽ **显示"色板类型"菜单:** 单击 🔳 按钮,在下拉菜单中选择一个选项,可单独显示该选项的色板类型。

❾ **色板选项:** 单击 🔳 按钮,可打开"色板选项"或"图案选项"对话框。

❿ **新建颜色组:** 选取多个色板(不能选取图案、渐变、"无"或"套版色"颜色到颜色组),再单击 🔳 按钮,即可将它们创建为新的颜色组。

⓫ **新建 / 删除色板:** 可将当前选取的色板创建为全新的色板,或将图稿中的颜色创建为色板。在面板中选取一个色板后,单击 🗑 按钮,可将其删除。

⓬ **面板菜单:** 单击 ☰ 按钮,可打开"色板"面板菜单中其他选项的设置。

下面是"新建色板"的操作。

通过单击面板中"新建色板"🔳 按钮创建色板

先在面板中选取一个色板,再单击面板下方中的 🔳 按钮,打开"新建色板"对话框,修改其选项内容,单击"确定"按钮,即可在面板中创建一个全新的色板。

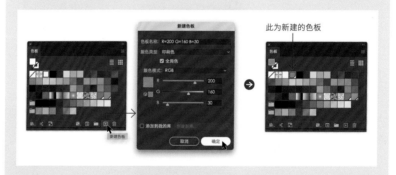

选取图稿中的颜色创建为新的色板

首先打开"色板"面板,再从工具栏中选择"选择工具(V)",选取图稿中的一个图形,如下图所示。

接着单击面板下方中的 回 按钮，打开"新建色板"对话框，单击"确定"按钮，即可将它的填色创建为色板。

Tips

如何使用快捷键转换颜色填充

按"X"键将填充颜色和描边颜色进行互换；按"D"键将填充颜色和描边颜色设置为默认黑白颜色；按"<"键设置为单色填充；按">"键设置为渐变填充；按"/"键取消填色。

5.1.2
渐变填充
（G）

渐变颜色由两种或两种以上颜色组成，在设计中是较为常用的色彩。渐变颜色能瞬间提升视觉冲击力，提高设计的格调。合理地使用渐变颜色，不仅能丰富单调乏味的画面，还能打造品牌的记忆点。

The State of Presence Report 设计师: Mano a Mano

在 Illustrator 中可以通过"渐变"面板填充渐变颜色，再根据需求修改渐变的样式、角度、位置、透明度等。下面介绍"渐变"面板中各选项含义。

"渐变"面板中各选项含义

❶ **渐变颜色：** 显示当前渐变颜色，单击 ▾ 按钮，弹出预设的渐变效果。

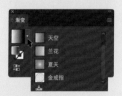

执行菜单栏中的"窗口"→"渐变"命令，或双击"渐变工具"打开渐变面板。

❷ **切换填充 / 描边：** 单击填充或描边图标，可切换填充或描边的渐变编辑模式。

❸ **反向渐变：** 反转渐变中的颜色顺序。

❹ **渐变类型及编辑渐变：** 渐变类型共 3 种，包括线性渐变 ▤ 、径向渐变 ▣ 和任意形状渐变 ▣ 。选中渐变类型后，单击"编辑渐变"按钮（或按"G"键），进入渐变编辑模式。

❺ **描边：** 当描边填充渐变时（"任意形状渐变"不能应用于描边），可为其设置 3 种描边类型，包括在描边中应用渐变 ▤ 、沿描边应用渐变 ▤ 和跨描边应用渐变 ▤ 。

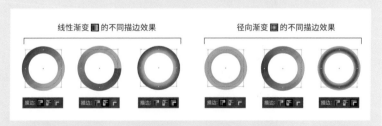

❻ **角度和长宽比：** 角度用于设置渐变的角度，长宽比用来设置径向渐变的椭圆渐变。

❼ **渐变批注者：** 渐变批注者是一个滑块，该滑块会显示原点、终点、中点和色标。

❽ **拾色器：** 单击此按钮，可拾取图稿中的颜色作为色标颜色。

❾ **不透明度 / 位置：** 调整色标的不透明度及位置。

线性渐变　　线性渐变是将颜色从开始一端到另一端以直线形的方式做渐变填充，再通过改变渐变属性得到不同的效果。接下来通过"渐变批注者"来完成线性渐变的操作。

Step 1

单击工具栏中的"渐变工具（G）"，然后单击画布上的对象，对象中就会显示"渐变批注者"。（若没有显示"渐变批注者"，执行"视图"→"显示渐变批注者"命令。）

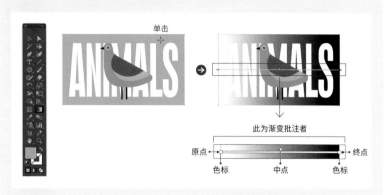

Step 2

双击色标，弹出下拉面板，单击面板中"颜色""色板""拾色器"按钮来修改色标颜色。若要删除色标，单击色标后按"Delete"键即可。

Step 3

若要添加新的色标，将光标移到"渐变批注者"上，当光标变为▷₊时，单击鼠标即可添加色标，再将其更改为其他颜色。

若要改变渐变角度，将光标移到终点图标旁，当光标变为 ⟳ 时，单击鼠标拖拽，以旋转渐变角度。接着移动"渐变批注者"位置，将光标移到"渐变批注者"上，当光标变为 ▶ 时，单击鼠标向上拖拽。

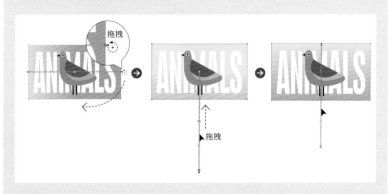

再将光标移到原点上，当光标变为 ▶ 时，单击鼠标向上拖拽，调整渐变范围。还可以单击"色标""中点"来调整色标颜色范围。

Tips

使用"渐变"面板来修改渐变各设置

显示"渐变批注者"后，可以使用"渐变"面板来修改渐变的类型、色标颜色、色标数量、色标位置、渐变角度和范围等。

112

径向渐变　　　径向渐变是将颜色从一点到另一点进行环形混合。想突出层次感或立体感时，就会运用径向渐变。接下来讲解径向渐变的操作。

Step 1

使用"选择工具（V）"选中对象，然后在"渐变"面板中单击"径向渐变"▣ 按钮，将对象填充为径向渐变，接下来开始修改径向渐变的设置。

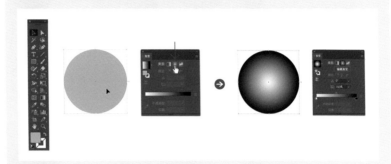

Step 2

单击"渐变"面板中的"拾色器"按钮 ✐，然后将光标 ✐ 移动到提前准备好的颜色中，单击鼠标即可吸取颜色。

Step 3

将光标移到面板中的"渐变批注者"上，当光标变为 ▷₊ 时，单击鼠标即可添加新色标。

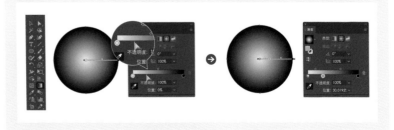

同样使用"拾色器"，给其他色标吸取颜色。以此类推，完成径向渐变的取色。

Step 4

将光标移到"渐变批注者"上，单击鼠标移动"渐变批注者"来修改渐变的原点位置。

将光标移到虚环线上，当光标显示为 ⊕ 时，拖拽鼠标可改变径向渐变的角度。

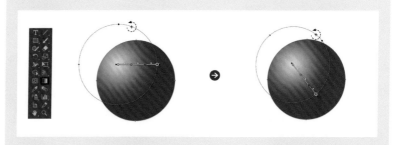

将光标移到虚环线"调整径向渐变大小的点" ⊙ 上，当光标显示为 ▶ 时，拖拽鼠标可改变径向渐变的扩展范围。

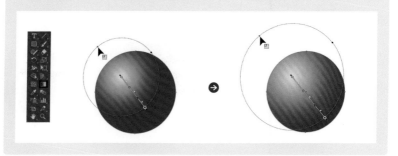

将光标移到虚环线小黑点上，当光标显示为 ▶ 时，拖拽鼠标可改变径向渐变的长宽比。

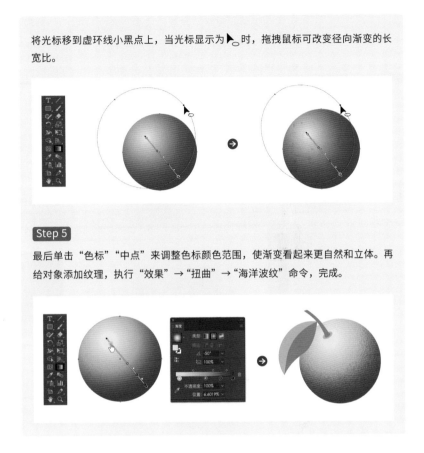

Step 5

最后单击"色标""中点"来调整色标颜色范围，使渐变看起来更自然和立体。再给对象添加纹理，执行"效果"→"扭曲"→"海洋波纹"命令，完成。

任意形状渐变　任意形状渐变是通过多个"点模式"或"线模式"的渐变颜色，以不规则的形式分布所形成的渐变效果，是没有规律的渐变形式。而且它的颜色丰富，个性十足，更能突显出强烈的设计感和艺术感。

任意形状渐变没有"渐变批注者",所以它的色标位置不受约束。任意形状渐变包含两种模式：一种是"点模式"，能创建多个渐变颜色点；另一种是"线模式"，在一条线上能创建多个渐变颜色点。下面来演示任意形状渐变"点模式"状态下的操作。

Step 1

在工具栏中单击"圆角矩形工具"，在画板空白处单击鼠标，弹出"圆角矩形"对话框，设置宽度和高度为 220 px，圆角半径为 30 px，单击"确定"。

Step 2

选中圆角矩形，在"渐变"面板中单击"任意形状渐变"  按钮，和"点"模式状态。

将光标移到对象中，当光标变为 时，单击鼠标即可添加"点模式"的新色标。

Step 3

将光标移到对象中的某个色标上，当光标显示为 👆 时，单击鼠标拖拽，即可移动色标位置。另外，还可以调整色标颜色的扩展范围，将光标移到色标上，当显示虚环线时，单击虚环线上的双圆点 ⊙ 向外或向内拖拽鼠标，即可调整色标颜色的渐变范围。

Step 4

继续添加新色标，再依次给色标吸取颜色，完成。

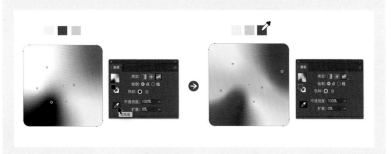

Tips **使用"网格工具（U）"完成任意形状渐变的效果**

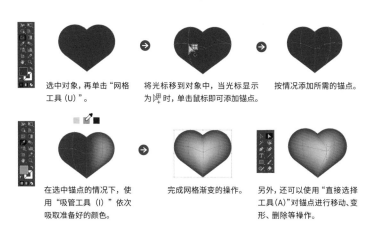

选中对象，再单击"网格工具（U）"。

将光标移到对象中，当光标显示为 ⊞ 时，单击鼠标即可添加锚点。

按情况添加所需的锚点。

在选中锚点的情况下，使用"吸管工具（I）"依次吸取准备好的颜色。

完成网格渐变的操作。

另外，还可以使用"直接选择工具（A）"对锚点进行移动、变形、删除等操作。

**将渐变
应用于描边**

线性渐变和径向渐变可以应用于填色和描边，而任意形状渐变只能应用于填色。下面来演示将渐变应用于描边的操作。

Step 1

使用"矩形工具(M)"绘制一个正方形，尺寸为130 px×130 px，并设置为描边状态。按"Ctrl+F9"键打开"渐变"面板，在面板中单击"线性渐变"▣按钮，和"沿描边应用渐变"▦按钮。接着在渐变滑块处添加黑白颜色的色标，并调整色标位置，如下图所示。

Step 2

接着按"Shift+F6"键打开"外观"面板，单击描边选项，设置描边粗细为 130 px。

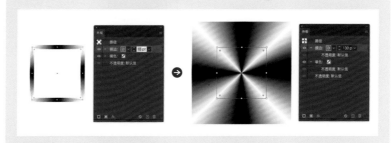

Step 3

绘制一个圆角矩形，宽度和高度为 220 px，圆角半径为 30 px。将其放在渐变对象上方，全选后按"Ctrl+7"键建立剪切蒙版。

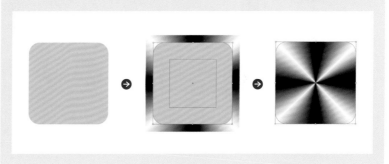

Step 4

选中对象，单击上方控制栏的"编辑内容" ⊙ 按钮，此时"外观"面板中显示渐变
对象的描边选项。单击描边的"不透明度"选项，选择"差值"混合模式。

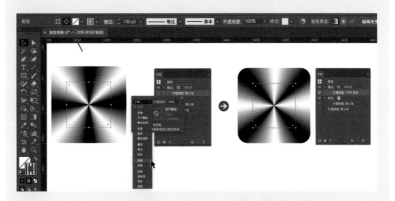

选中"外观"面板中的描边选项，单击面板下方 ▣ 按钮复制描边选项。

单击刚复制的描边"不透明度"选项，选择"滤色"混合模式，则圆角矩形显示
镭射的效果。

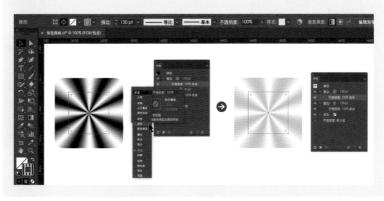

Step 5

最后将刚完成的镭射图形和任意形状渐变对象进行居中对齐，注意要把镭射图形置于顶层，两者居中对齐后形成色彩丰富的镭射效果图形。

添加文字信息，完成编排布局。举一反三，通过这个方法能完成不同形状和大小的镭射图形。

5.1.3
实时上色
(K)

执行实时上色功能之前，需将对象创建为"实时上色"组，再使用"实时上色工具（K）"，单击"实时上色"组中的区域或边缘进行上色。

"实时上色工具选项"面板中各选项含义

❶ **填充上色 / 描边上色**：可选择"实时上色"组中的区域或边缘进行上色。

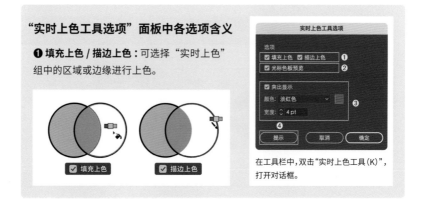

在工具栏中，双击"实时上色工具（K）"，打开对话框。

❷ **光标色板预览：** 勾选此项后，当光标移到"实时上色"组中时，会显示上色的色板预览。

❸ **突出显示 / 颜色 / 宽度：** 勾选此项后，当光标移到"实时上色"组中的区域或边缘上时，就会显示红色的边线，可以修改线的颜色和宽度。

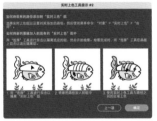

当光标移到区域中　　　　　　　　当光标移到描边上

❹ **提示：** 单击此项，弹出"实时上色工具提示"对话框，显示该工具的操作步骤。

Tips

哪些对象不能直接使用实时上色功能

文字和图像，需对文字执行"文字"→"创建轮廓"命令，对图像执行"对象"→"图像描摹"→"建立并扩展"命令进行转换。画笔和具有外观属性的对象在转换为"实时上色"组时，会丢失外观属性。

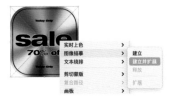

与实时上色有关的工具主要包括"实时上色工具（K）"和"实时上色选择工具（Shift+L）"。"实时上色工具"在上色时使用到。"实时上色选择工具"用于选择"实时上色组"中的区域和边缘。另外，"实时上色工具"不仅能快速起到上色的作用，还能绘制出不同造型的图形。特别是应用于插画和标志设计中，深受设计者喜欢。下面通过这些功能来完成图形的设计。

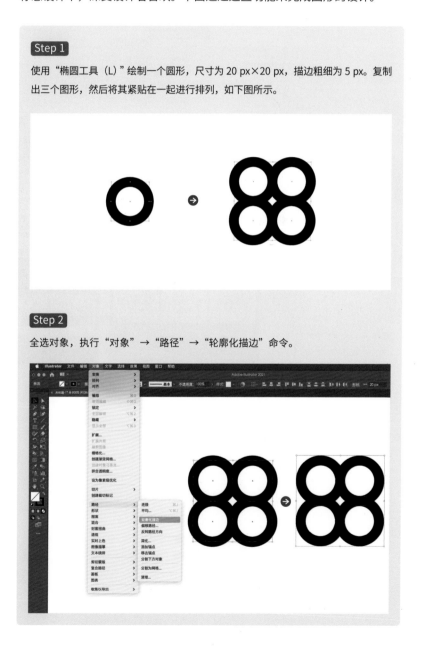

Step 1

使用"椭圆工具（L）"绘制一个圆形，尺寸为 20 px×20 px，描边粗细为 5 px。复制出三个图形，然后将其紧贴在一起进行排列，如下图所示。

Step 2

全选对象，执行"对象"→"路径"→"轮廓化描边"命令。

Step 3

然后执行"对象"→"实时上色"→"建立（Alt+Ctrl+X）"命令，建立"实时上色"组。

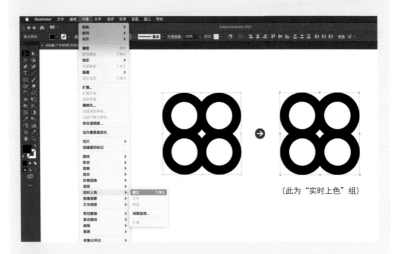

（此为"实时上色"组）

Step 4

创建"实时上色"组后，可以在"颜色"或"色板"面板中设置颜色，再用"实时上色工具（K）"为对象上色。将光标移到对象的区域时，会显示红色的边线，此时拖拽鼠标跨多个区域，可以一次为多个区域上色。当然也可以单击一个区域进行上色。

Step 5

接着上色其他区域，光标上方显示的三个色板，是"色板"面板中的颜色。按"←"或"→"键可以向左或向右切换相邻颜色。另外按"Alt"键的同时，光标变为🖋（拾取工具），然后单击其他色块，可吸取颜色进行上色。

按上一步上色的操作，继续将需要上色的区域进行填色，完成。

Tips

当图形出现间隙的情况

在编辑图形的时候，特别是绘制插画时，路径之间难免会出现间隙，也就是没有完成封闭。使用实时上色功能上色某个区域时，会通过间隙上色到相邻的区域中，而无法上色到指定区域。

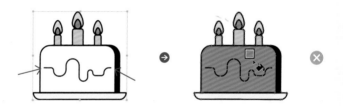

遇到这种情况可以这样处理，先选中对象，然后执行"对象"→"实时上色"→"间隙选项"命令，弹出"间隙选项"对话框。在"上色停止在"下拉列表中选择"大间隙"选项，这样就能忽略小间隙，颜色不会上色到其他区域。如果间隙太小无法看到，可以执行"视图"→"显示实时上色间隙"命令，让间隙突出显示。

5.1.4
图案填充

除了颜色和渐变填充外，还能使用图案进行填充。图案填充可用于填色和描边，它能自动根据图案和所要填充对象的范围决定图案的拼贴效果。接下来介绍图案的创建以及编辑的操作。

"图案选项"各选项含义

❶ **图案拼贴工具**：单击  按钮后，图案周围会出现定界框，此时可以手动拖拽定界框上的控制点来调整图案拼贴的大小。

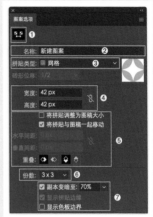

选中图形，执行"对象"→"图案"→"建立"命令，打开"图案选项"面板。

❷ **名称**：在文本框中输入文字，为图案命名。

❸ **拼贴类型**：为图案选择不同的拼贴方式。

 砖形（按行）　　 砖形（按列）　　 十六进制（按列）　　 十六进制（按行）

❹ **宽度 / 高度**：调整图案拼贴的整体宽度和高度。

❺ **将拼贴调整为图稿大小**：勾选此选项，可以精确设置拼贴的水平间距和垂直间距。若水平或垂直间距的取值为负值，图案会重叠。在"重叠"选项中可以选择不同的重叠方式，如下所示。

❻ 份数：设置拼贴的数量。

❼ 副本变暗至：设置图案副本的显示程度。**显示拼贴边缘：**勾选此项，显示图案的定界框。**显示色板边界：**勾选此项，显示图案中的单位区域。

如何在一个图形中，同时填充图案、颜色、渐变色

首先绘制图形，然后在"色板"面板中单击"图案"，为图形填充图案。

打开"外观"面板，单击面板下方"添加新填色"⬜按钮，再单击新填色选项的"下拉菜单" ∨ 按钮，选择一个颜色，即可在一个图形中同时填充颜色和图案。

填充颜色

填充渐变色，填充图案，如下图所示。

填充渐变色   填充图案

Tips

如何在图形中移动图案

当图形填充图案后，若要移动图形中的图案，先将图形选中，接着打开"外观"面板，选中"填色"图案，按"～"键不放，再按"←""↑""→""↓"键即可移动图案位置；或按"～"键同时拖拽图形中的图案，也可以移动图案。

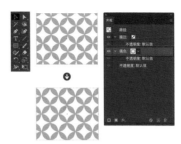

使用预设图案填充

打开"色板"面板后，单击下方的"色板类型" 📇 按钮，选择"显示图案色板"选项，此时面板只显示"图案"色板。接着在"色板"面板下方单击"色板库菜单" 📖 按钮，选择"图案"→"基本图形"→"基本图形_点"选项。

弹出"基本图形 _ 点"面板，随后为对象选中要填充的图案即可，如下图所示。

字体：Berlin Sans FB Demi Bold，120pt

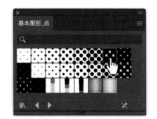

Tips

如何将局部对象定义为图案

将图像置入文档中，并将图像嵌入。然后使用"矩形工具（M）"，在图像上创建一个无填色无描边的矩形，将图案范围划定出来。并将矩形置于底层，再全选图像和矩形，一并拖进"色板"面板中，即能把局部对象创建为图案。

使用自定义图案制作海报

Step 1

首先使用"矩形工具（M）"绘制出图形，并填充颜色。再将图形全部选中，拖拽到"色板"面板中，释放鼠标即可创建一个新的图案。

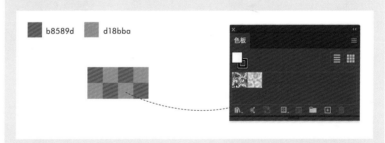

Step 2

接着对图案进行编辑。双击"新建图案"按钮，进入图案编辑模式，打开"图案选项"对话框，根据设计需求设置图案的拼贴类型、拼贴间距、重叠方式等。

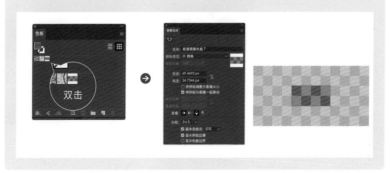

如果图案是由路径对象组成的，还能更改图案里面对象的形状、颜色、尺寸等。当显示以下界面后，全选图形，再单击控制栏的"重新着色图稿"  按钮，更改颜色。

Step 3

完成重新着色图稿后，单击上方"存储副本"按钮，弹出"新建图案"对话框，输入文字进行命名，单击"确定"。

修改的图案会添加到"色板"面板中，最后单击"取消"，退出图案编辑模式。

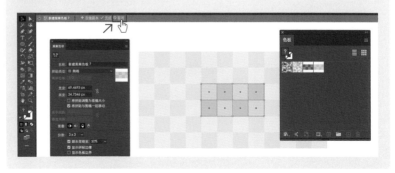

选中海报的背景图，在"色板"面板中单击图案，即可为背景填充图案。

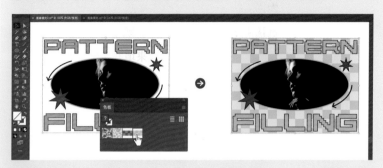

如果图案大小不合适，可以通过"变换"命令来调整。打开"外观"面板，选中面板中的"填色"选项，再单击面板下方的"添加新效果" *fx* 按钮，执行"扭曲和变换"→"变换"命令。

打开"变换效果"对话框，设置水平与垂直缩放为 65%；勾选"变换图案"，单独缩放图案，单击"确定"。此操作可改变图案大小，但不会影响原始图案。

5.1.5
巧用描边

若要对图形描边进行填色，首先在工具栏中单击"描边颜色"按钮转为描边状态，或者使用快捷键"X"。再双击"描边颜色"按钮打开拾色器，选择需要描边的颜色即可。除了打开拾色器进行选色描边外，还可以通过"颜色"和"色板"面板来填充渐变、图案和画笔。

除了对描边进行填色外，还可以对描边进行其他的属性设置，如调整描边的粗细、端点、边角、对齐描边方式等。下面通过改变描边属性来制作不同的图案。

选中对象，执行菜单栏"窗口"→"描边（Ctrl+F10）"命令，打开"描边"面板。在面板中通过设置描边的粗细、端点、边角、对齐描边方式的属性来制作出不同形态的图案。

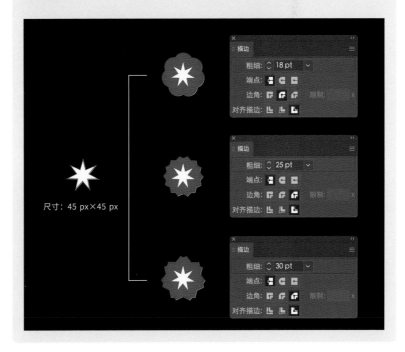

尺寸：40 px×16 px

活用虚线描边功能

在设置虚线描边的时候，可以结合描边的粗细、端点设置来呈现不同的外观效果，如下图所示。

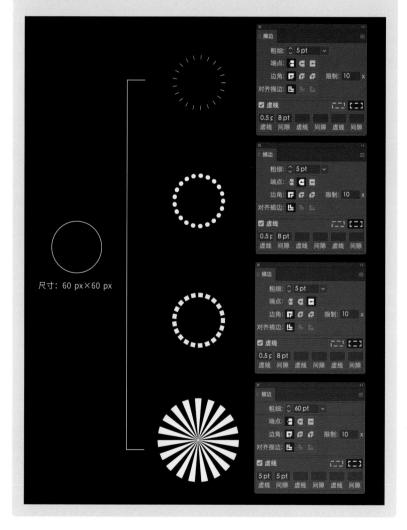

活用箭头描边功能

缩放：调整路径起点和终点箭头的大小。单击 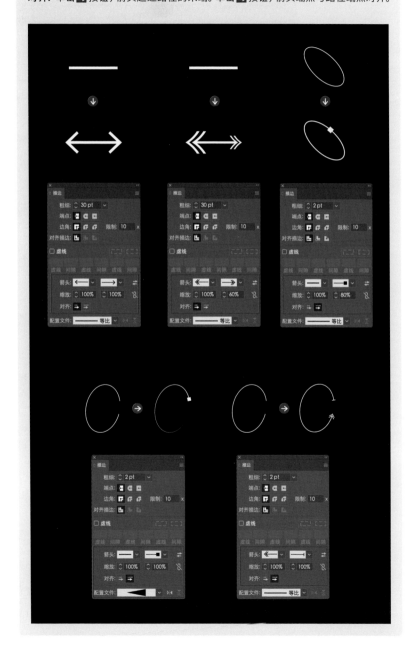 按钮，能等比例调整起点和终点箭头的大小。

对齐：单击 按钮，箭头超过路径的末端。单击 按钮，箭头端点与路径端点对齐。

符号作为一种设计中的装饰性图形，能够帮助营造空间氛围，提升图形视觉化，也是传达信息的载体。如以下符号。

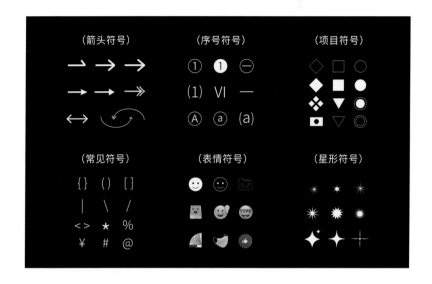

符号化图形更适用于另类、具有视觉形式感的设计，例如酸性美学风格、赛博朋克或蒸汽波风格，近年来的设计流行使用符号来辅助画面。

Design: pa_i_ka studio

Design: pa_i_ka studio

Design: jeanducret

Design: Visuel Colonie

Design: PONYO PORCO

5.2
编辑颜色命令

除了前面的编辑颜色操作之外，执行"编辑"→"编辑颜色"命令，还有多种编辑颜色的方法，例如"重新着色图稿""前后颜色混合"和"调整色彩平衡"等命令。在 Photoshop 软件中也经常使用各种调整命令来调整颜色，那么在 Illustrator 中如何来操作？下面给大家介绍几个常用的编辑颜色命令。

| 编辑颜色 | ▶ | ○ 重新着色图稿 |
| | | ○ 使用预设值重新着色　▶ |

Tips

在"编辑颜色"命令菜单中，"重新着色图稿""使用预设值重新着色""前后混合""垂直混合"和"水平混合"只能应用于矢量图形，其他命令都可以应用于矢量图形和位图。

○ 矢量图形　　● 矢量图形和位图

○ 前后混合
● 反相颜色
● 叠印颜色
○ 垂直混合
○ 水平混合
● 调整色彩平衡
● 调整饱和度
● 转换为 CMYK
● 转换为 RGB
● 转换为灰度

名称	用途
重新着色图稿	对图形进行实时替换颜色
反相颜色	创建类似照片的底片效果
叠印颜色	设置黑色叠印效果或删除黑色叠印效果
前后 / 垂直 / 水平混合	根据对象的垂直、水平方向 从多个填色对象中创建一系列中间色
调整色彩平衡	对图形的色彩平衡进行处理，校正色偏
调整饱和度	调整图形的鲜艳程度
转换为 CMYK	将图形转为 CMYK 模式
转换为 RGB	将图形转为 RGB 模式
转换为灰度	将图形转为灰度模式

5.2.1
重新
着色图稿

"重新着色图稿"命令可以对图形对象替换、调整颜色。如果批量修改多个图形的颜色，那么使用"重新着色图稿"命令最适合不过，整个过程高效且一目了然。另外在"重新着色图稿"对话框中可以根据情况选择"编辑"或"指定"选项卡来更改颜色。下面介绍此命令的常用操作及注意事项。

"重新着色图稿 - 编辑"各选项含义

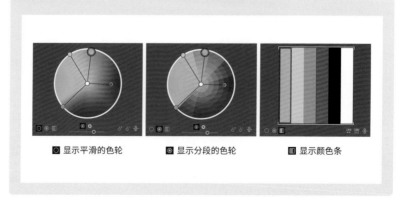

选中对象，单击控制栏的"重新着色图稿" 🎨 按钮，弹出对话框，再单击"高级选项"按钮，即可展开"编辑""指定"选项卡和颜色组。

❶ **协调规则：** 通过协调规则生成多个配色方案，单击 ✓ 按钮，即可展开下拉菜单。

❷ **色轮：** 在色轮上显示图形的颜色，通过拖拽颜色标记或双击以启动拾色器来更改颜色。另外，还可以切换其他色轮和颜色条对颜色进行调整。

◉ 显示平滑的色轮　　　◉ 显示分段的色轮　　　▥ 显示颜色条

❸ **调整饱和度和亮度：** 单击 Ⓢ 按钮，调整饱和度；单击 Ⓞ 按钮，调整亮度。

❹ **添加 / 减少颜色工具：** 先单击 Ⓐ 按钮，再在色轮的任意位置上单击一下，即可添加颜色；单击 Ⓑ 按钮，再单击色轮上的颜色标记，即可将其删掉。

❺ **链接协调颜色：** 默认状态下，颜色处于链接状态，当拖拽一个颜色标记时，其他颜色标记也一起改变。若只调整选中的颜色标记，单击 Ⓑ 按钮，显示为 Ⓘ 时，即可解除链接状态。

❻ **指定颜色调整滑块模式：** 通过滑块形式来精准地调整颜色。单击右侧 ▤ 按钮，还可以切换其他颜色模式，如 HSB、CMYK 和 Lab 等。

❼ **命名：** 对颜色组进行命名。

❽ **重置：** 若调整的颜色不合适，单击 ▦重置▦ 按钮，即可恢复到原来的颜色。

❾ **颜色组：** 指在打开的文档中，列出所有存储的颜色组，而这些颜色组也会在"色板"面板中显示。另外还可以对颜色组进行编辑、删除和创建新的颜色组，甚至选择其中的一个颜色组来应用于重新着色图稿。

"重新着色图稿 - 指定"各选项含义

❶ **当前颜色：** 左侧颜色显示的是所选图稿中的颜色，右侧颜色为替换图稿颜色的新建颜色。单击一种颜色后，可通过下方滑块模式进行修改。或双击"新建颜色"▤ 按钮，打开拾色器来修改颜色。

图稿中的颜色　　　　　　　　　　　　　与之对应的新建颜色

单击箭头 ➡ 按钮，可停用新建的颜色。此时按钮变为 ➖，再次单击它，即可恢复新建的颜色。

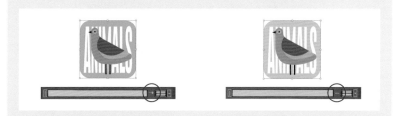

❷ **合并/分离颜色**：在"当前颜色"列表中，按"Shift"同时选中多种颜色，再单击 ▦ 按钮，将颜色合并在一行中。单击已合并颜色那行前方的 ▌按钮，可全选这行的颜色，再单击 ▥ 按钮，即可分离这行的所有颜色。另外直接拖动列表中的颜色，也可以进行合并或分离颜色。

▦ 合并颜色 　　　　　　　　　　　 ▥ 分离颜色

❸ **排除重新着色**：在列表中选中一个颜色，再单击 ▨ 按钮，可让此颜色不被修改。

❹ **新建行**：单击 ▦ 按钮，可以在列表中添加一行空白的颜色。

❺ **随机更改颜色顺序/饱和度/亮度**：单击 ▦ 按钮，可随机更改颜色组中的颜色顺序；单击 ▦ 按钮，可随机更改颜色组的饱和度和亮度。

原图 　　　　　　 ▦ 随机更改颜色顺序 　　　　　 ▦ 随机更改饱和度、亮度

❻ **查找颜色**：先单击 ▨ 按钮，此时光标变为 🔍 状，之后单击列表中的某个颜色，即可在图形中突出显示此颜色。

❼ **色板库**：单击 ▦ 按钮，打开色板库菜单，选择其中一个色板库，即可全部替换图稿颜色。

通过"重新着色图稿"命令，编辑和创建色组

Step 1

打开"色板"面板，单击色板中的"颜色组" 按钮，将整个组选中。选中后单击
面板下方的 按钮，进入"重新着色图稿-编辑"对话框。

Step 2

了解"重新着色图稿"对话框各选项后，可以使用 3 种方法去编辑和创建颜色。

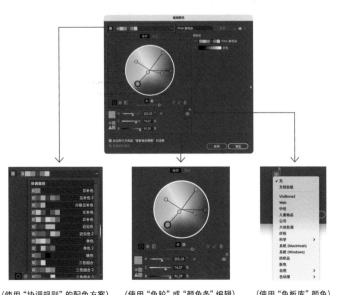

（使用"协调规则"的配色方案）　　（使用"色轮"或"颜色条"编辑）　　（使用"色板库"颜色）

例如从"色板库"来创建颜色组，单击"色板库" 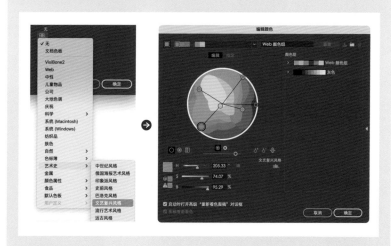 按钮，打开色板库菜单，选择"艺术史"→"文艺复兴风格"，显示此色板的颜色。

Step 3

若对此颜色组无修改，单击上方文本框进行命名，再单击  按钮，即可将其创建为新的颜色组，并添加到颜色组列表中，最后单击"确定"按钮。

关闭对话框后，"色板"面板中也会显示刚才新建的颜色组，这样能有效提升上色的操作便利性。

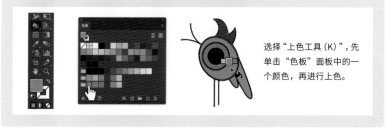

选择"上色工具（K）"，先单击"色板"面板中的一个颜色，再进行上色。

通过"重新着色图稿"命令，调整图稿颜色

例如下面的海报案例，若只想修改渐变色的背景图稿，不想重新在"渐变"面板修改颜色，那么使用"重新着色图稿"命令能对图稿进行全局调整，从而有效提高设计的效率。

Step 1

将海报的渐变背景图形选中，再单击控制栏的"重新着色图稿"  按钮，弹出对话框，单击"编辑"选项卡，显示图稿的颜色。

Step 2

单击 按钮，解除链接状态，可单独调整每个颜色。此时拖动颜色标记，即可调整颜色。

若要调整图稿的饱和度和亮度，先单击▒按钮，建立链接状态。再分别单击◙按钮和◙按钮，移动滑块来调整图稿的饱以及度和亮度，单击"确定"按钮，完成。

5.2.2
混合颜色命令

"混合颜色"命令需要选中至少 3 个或更多填色对象，进行垂直、水平方向或前后混合来创建一系列中间色。其包含 3 种混合颜色命令，分别是"前后混合""垂直混合"和"水平混合"命令。

前后混合

将最前和最后填色对象间的渐变混合，为中间对象填色。全选图形对象后，执行"编辑"→"编辑颜色"→"前后混合"命令。

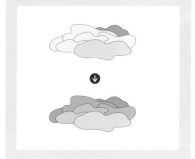

垂直混合

将最顶和最底填色对象间的渐变混合，为中间对象填色。全选图形对象后，执行"编辑"→"编辑颜色"→"垂直混合"命令。

142

水平混合

将最左和最右填色对象间的渐变混合，为中间对象填色，全选图形对象后，执行"编辑"→"编辑颜色"→"水平混合"命令。

5.2.3
调整
色彩平衡

"调整色彩平衡"命令通过对图像的色彩平衡进行处理，校正图像色偏。也可以根据自己的制作需求，调整需要的色彩来更好地完成画面效果。

选中图稿，执行"编辑"→"编辑颜色"→"调整色彩平衡"命令。弹出"调整颜色"对话框，设置参数，单击"确定"，完成。

CREATE & EDIT TYPE

Lesson 6
文字的创建及编辑

在 Illustrator 中，我们除了懂得绘制图形，还要学会创建以及编辑文字。Illustrator 提供了多种类型的文字工具，通过这些工具可以更方便地编辑文字。

6.1
文字的使用规范

文字在设计中是必不可少的视觉元素。在 Illustrator 中，我们除了懂得绘制图形，还要学会创建文本。在创建文本时，设计师需要重视文字的传达性。

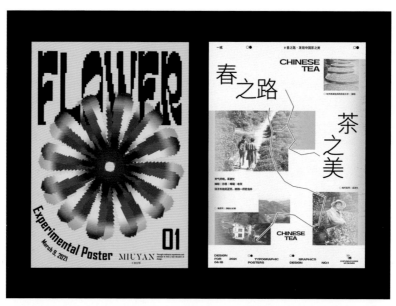

6.1.1
字体选择

不同种类的字体可以传达出不同的风格特征。为了让读者更快速选择合适的字体，下文对不同种类的字体和字重进行对比分析。

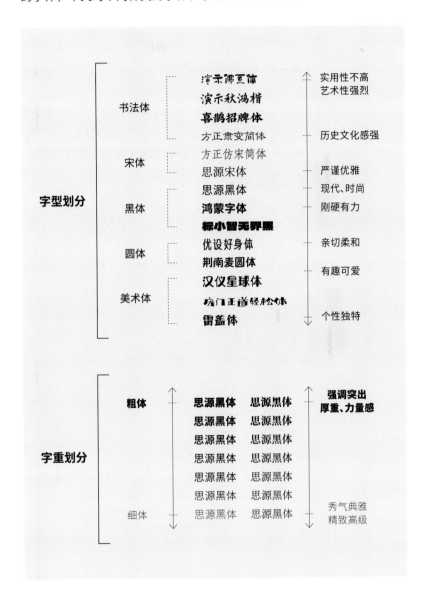

通过上面分析得知：字体的种类不同，体现出来的风格特征也不同。即便是同一款字体，因字重不同产生的调性也不同。所谓字重就是字的粗细变化。笔画越粗，厚重感越强。笔画越细，越具有简洁精致感。

6.1.2
字号规范

除了了解字体的风格特征之外，文字的字号、行距等也会直接影响画面的视觉效果和主题调性。在设计过程中，如何选择字号是初学者比较关心的问题。字号与设计尺寸以及宣传目的等主要因素有关。比如设计一张户外海报，那么海报里面的主要文字就不能使用 8 pt 的字。接下来我们从视距角度探讨字号的使用规范。

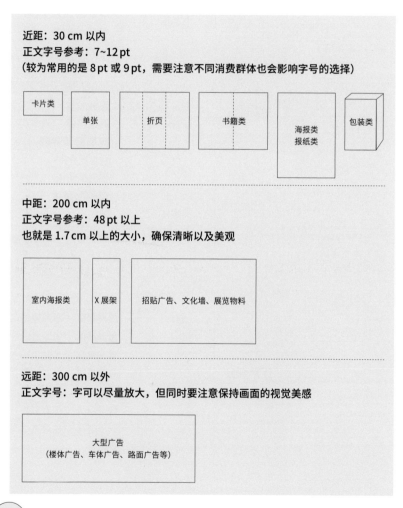

近距：30 cm 以内
正文字号参考：7~12 pt
（较为常用的是 8 pt 或 9 pt，需要注意不同消费群体也会影响字号的选择）

卡片类　单张　折页　书籍类　海报类 报纸类　包装类

中距：200 cm 以内
正文字号参考：48 pt 以上
也就是 1.7 cm 以上的大小，确保清晰以及美观

室内海报类　X 展架　招贴广告、文化墙、展览物料

远距：300 cm 以外
正文字号：字可以尽量放大，但同时要注意保持画面的视觉美感

大型广告
（楼体广告、车体广告、路面广告等）

Tips
视距指眼睛与物体之间的距离，例如手里拿的名片，眼睛到名片的距离（按 cm 计算）即为视距。

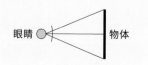
眼睛　物体

辅助文字号	6 pt	黑体系列	视距为 30 cm 以内
	8 pt	黑体系列	字号参考
内文字号	9 pt	黑体系列	
	10 pt	黑体系列	
	11 pt	黑体系列	
小标题字号	12 pt	黑体系列	
	14 pt	黑体系列	
	18 pt	黑体系列	
	24 pt	黑体系列	
大标题字号	30 pt	黑体系列	
	36 pt	黑体系列	
	48 pt	黑体系列	
	60 pt	黑体系列	
	72 pt	黑体系列	
	……		

Tips

- 字号需要根据具体的情况来确定，不存在固定不变的字号；
- 出版印刷正文的字号一般不能小于 5 pt，正文一般为 8 pt 或 9 pt（视距 30 cm 之内）；
- 标题字号可以设置为正文字号的 1.5~3 倍。

6.1.3
文字间距规范

设置好字号之后，可以开始调整间距。间距分别有字距、字间距和行距、行间距。它们主要取决于文字内容的层级关系，也受设计者的视觉感受影响。行距不能太窄，否则阅读会受上下行文字的干扰；而行距太宽松则会在版面留下大面积的空白，使内容缺少延续感和整体感。下面是关于文字间距的使用规范。

字距与字间距

字面
全角字框
字面框

字距
字间距

字间距： 字与字之间的距离，也就是全角字框之间的距离。

字　距： 全角字框的右边框到下一个文字的全角字框的右边框之间的距离。

❶ **字距微调：** 设置两个字符间的字距微调，也就是增加或减少特定字符之间间距。

字偶间距 ➜ 字偶 间距

将光标定位在两个字符之间后，按"Alt+ ← / →"键来手动微调，或在"字符"面板输入数值。

❷ **字距调整：** 设置所选字符的字距调整，也就是放宽或收缩整个文本或所选文本中字符之间间距的过程。

字符间距 ➜ 字符间距

字符间距 ➜ 字符间距

Noto Sans S Chinese
Light
🅣 10 pt / (12 pt)
🅣 100% / 100%
VA 视觉 ❶ / VA 0 ❷
0% /
自动 / 自动
0 pt / 0°
TT Tr T¹ T₁ T F
英语:美国 / 锐化
对齐字形 ⓘ

选择整个文本框或使用光标来选取文本后，同样按"Alt+ ← / →"键来微调，或在"字符面板"输入数值。

Tips

按"Alt+Ctrl+ ← / →"键，可以让字距微调或让字距增减的距离更明显。

行距与行间距

设计与艺术

设计源于生活

设计与艺术

设计源于生活

行间距: 某一行文字的底部与下一行文字顶部之间的距离为行间距,也可以理解为行与行之间的距离。

行　距: 某一行文字顶部与下一行文字的顶部之间的距离为行距,也就是文字大小加上行间距大小等于行距大小。

❶ **行距:** 设置文字的行距大小。

选择整个文本框或使用光标选取文本后,按"Alt+ ↑ / ↓"键来增减行距,或在"字符面板"输入数值。若按"Alt+Ctrl+ ↑ / ↓"键,同样可以让行距增减的距离更明显。

Tips

行距可以设置为正文字号的 1.5~3 倍。但是也要考虑不同字体的情况,这些都需要不断去调整和测试。

6.2
创建文本及编辑

当了解字体的使用规范之后，接下来就可以创建和编辑文本。Illustrator 提供了多种类型的文字工具，通过这些工具可以自由创建和编辑文字，包括"文字工具""区域文字工具""路径文字工具""直排文字工具""直排区域文字工具""直排路径文字工具"和"修饰性文字工具"。而较常用的是前三个工具，本节主要讲解这些工具。

名称	快捷键
文字工具	T
区域文字工具	无
路径文字工具	无
直排文字工具	无
直排区域文字工具	无
直排路径文字工具	无
修饰性文字工具	Shift+T

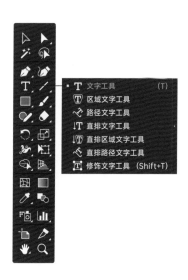

6.2.1
文字工具
(T)
T

"文字工具"可以创建点文字和段落（区域）文字，点文字适合少量文字的编排，而段落文字适合大量文字的编排。

创建点文字|

创建点文字

单击"文字工具（T）"，当光标显示为 时，单击鼠标后会看到一个闪动的光标，此时输入文字即可。

拖动文字框改变文字大小

输入文字后，按"Esc"键退出输入状态。将鼠标移到文字框边上，当光标显示为 ↖ 时，按"Shift"键的同时单击鼠标并拖动文字框，可以按比例放大文字。若直接拖动文字框，则会让文字变形，如左图所示。

创建段落（区域）文字

单击鼠标向外拖动一个矩形的文字框，即可创建段落文字。在输入文字时，文字会自动换行。

Tips

将点文字转换为区域文字

选中点文字对象，执行"文字"→"转换为区域文字"命令；反之，则能将区域文字转为点文字。或使用鼠标双击文字框旁边圆点符号，也能快速切换点文字与区域文字。

6.2.2 区域文字工具
Ｔ

"区域文字工具"用于创建区域文字。区域文字也可以称为段落文字，需要一个路径区域才可以建立文本，既可以横排，也能竖排。区域的形状不受限制，但是所使用的路径区域不能是复合或蒙版路径，否则会出现错误。

Design：design_paul_jeon

通过路径来创建区域文字

首先绘制一个路径区域的形状，在工具栏中选择"区域文字工具"（也可以使用"文字工具""直排文字工具"或"直排区域文字工具"），将鼠标移动到路径边缘，当鼠标显示为 🖗 时，单击一下，出现闪动的光标后输入文字即可。

切换文字方向

使用"选择工具（V）"选中文字，执行"文字"→"文字方向"→"水平/垂直"命令，即可切换文字为横排或竖排文字。

Tips

使用快捷键切换文字方向

在工具栏中选择"文字工具（T）"（也可以选择"区域文字工具""路径文字工具""直排文字工具""直排区域文字工具""直排路径文字工具"），当鼠标显示为 🖗 时，此时按"Shift"键不放开，鼠标变为 🖗，立即单击鼠标，出现闪动的光标后输入文字，即可切换文字为横排或竖排文字。

设置文字框颜色填充和描边

在工具栏中使用"直接选择工具（A）"，将鼠标移动到文字框边缘，会显示出文字框的路径，此时单击一下，即可激活文字框，为其设置填充颜色及描边，效果如下。

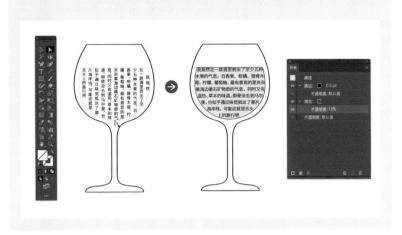

调整文字框外形

在工具栏中使用"直接选择工具（A）"，将鼠标移动到文字框边缘，单击一下，显示文字框路径的锚点，拖动锚点即可调整文字框外形。

另外还可以通过"区域文字选项"命令来调整文本区域的大小，文字的行、列变化，以及修改文字和边框路径之间的距离等设置。使用"选择工具（A）"，单击区域文字，执行"文字"→"区域文字选项"命令，打开"区域文字选项"对话框，各选项含义如下。

"区域文字选项"各选项含义

❶ **宽度/高度:** 调整文字框区域的大小。

❷ **行:** 设置区域文字的行数。如行的数量、行跨距、行间距(右下角图示说明)。其中"固定"的选项指调整文字区域大小时行高的变化情况。若取消勾选,则不会改变原本区域文字框的大小。若勾选,则会改变文字框大小。

❸ **列:** 设置区域文字的列数。如列的数量、列跨距、列间距(右下角图示说明)。

❹ **位移:** 对内边距和首行文字的基线进行调整。"内边距"指文字和边框路径间的距离。"首行基线"指控制第一行文字和对象顶部的对齐方式。"最小值"指基线偏移的最小值。

❺ **对齐:** 设置文字的对齐方式。

❻ **选项文本排列:** 设置文字的走向。选择 按钮,文字按行从左到右排列;选择 按钮,文字按列从上到下排列。

❼ **自动调整大小:** 勾选此项,文字框会自动调整大小来容纳文字。

6.2.3
文本绕排

文本绕排是让区域（段落）文本围绕一个图形对象进行排列。创建文本绕排效果时，需将文本置于绕排对象的下方，操作如下。

使用"选择工具（V）"，选中绕排对象，执行"对象"→"文本绕排"→"建立"，即可使文字围绕图形进行排列。

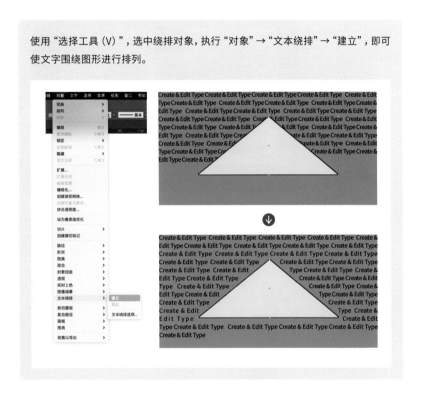

如果要调整文字与绕排对象的距离，首先选中绕排对象，执行"对象"→"文本绕排"→"文本绕排选项"，打开"文本绕排选项"对话框进行设置。

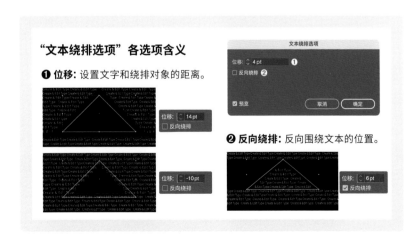

"文本绕排选项"各选项含义

❶ **位移：** 设置文字和绕排对象的距离。

❷ **反向绕排：** 反向围绕文本的位置。

6.2.4
路径
文字工具

"路径文字工具"沿着路径来编排文字，它不但可以运用到开放的路径，还能运用到封闭的路径。

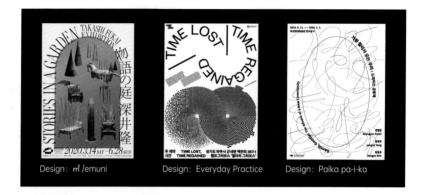

Design：㎡/emuni　　　　Design：Everyday Practice　　　　Design：Paika pa-i-ka

编辑路径文字

首先绘制一条开放或封闭的路径，选择工具栏中的"路径文字工具"，此时光标变为 I 。将光标移至路径上，当光标 I 变为 I 时，单击一下，出现闪动的光标符号后，输入文字即可。

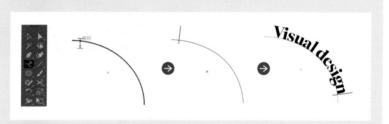

修改路径文字的位置和方向

若要修改路径文字的位置和方向，先使用"选择工具（V）"选中路径文字，此时看到路径显示文字的起点、中心和终点标记位置。当光标移到路径的标记位置时，拖动标记即可调整文字的位置及方向，如下所示。

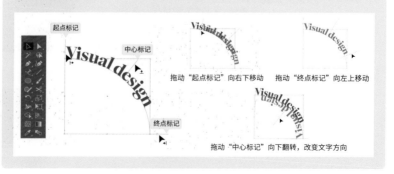

拖动"起点标记"向右下移动　拖动"终点标记"向左上移动

拖动"中心标记"向下翻转，改变文字方向

"路径文字工具"除了有沿路径编排文字的功能之外，还能修改路径文字的样式。例如使文字有倾斜、3D 环绕、阶梯等效果。

使用"选择工具（V）"选中编辑好的路径文字，执行菜单栏中"文字"→"路径文字"命令，选择效果。或选择"路径文字选项"打开对话框（双击工具栏中的"路径文字工具"也可以打开），设置选项参数。

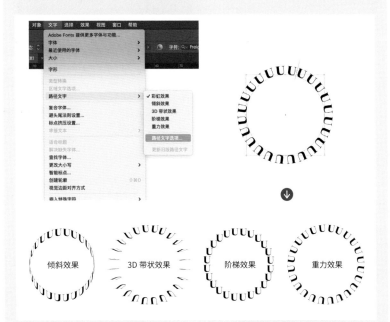

倾斜效果　　3D 带状效果　　阶梯效果　　重力效果

"路径文字选项"各选项含义

❶ **效果：**设置文字沿路径排列的效果，包括彩虹效果、倾斜效果、3D带状效果、阶梯效果和重力效果，效果如上图所示。

翻转：勾选此项，翻转路径上的文字。

❷ **对齐路径：**设置文字与路径的对齐方式。包括字母上缘、字母下缘、居中和基线。

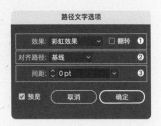

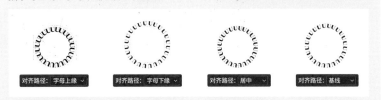

对齐路径：字母上缘　　对齐路径：字母下缘　　对齐路径：居中　　对齐路径：基线

❸ **间距：**修改路径上的文字间距。数值越大，间距越宽。

6.2.5
文字实用
小技巧

① 快速显示溢流文本

当文字超过文本框容纳量时，文本框右下角会显示 ⊞ 图标，代表文本框中还有文本未被全部显示出来，而这些被隐藏的文本称为溢流文本。若溢流大量的文本，可双击文本框下方 ⟱ 符号，此时溢流文本将被快速显示出来，从而提高设计效率。

Adobe Illustrator 是一款非常优秀的矢量图形设计软件，也是全球使用率最高的矢量制图软件。它主要应用于印刷出版、海报书籍排版、专业插画、多媒体图像处理和互联网页面的制作等。另外Illustrator还有很多少为人知的绘制技巧，以及创建

双击

Adobe Illustrator 是一款非常优秀的矢量图形设计软件，也是全球使用率最高的矢量制图软件。它主要应用于印刷出版、海报书籍排版、专业插画、多媒体图像处理和互联网页面的制作等。另外Illustrator还有很多少为人知的绘制技巧，以及创建艺术效果的强大功能。所以本书会特别针对常用的"活用技巧"进行收录整理，充分活用Illustrator的功能来创造各种主流风格的视觉设计。

② 串接文本

另外溢流文本可通过串接的方法显示出来。单击"选择工具（V）"，选中有文本溢出的文本框。当文本框右下角显示 ⊞ 图标时，单击一下该 ⊞ 图标，光标变为 ▶▦，此时在画板的空白处单击并拖出任意大小的矩形文本框，那么溢流文本会被串接到此文本框中，而且串接的文本与原溢出的文本框内容是同步变化的。

Adobe Illustrator 是一款非常优秀的矢量图形设计软件，也是全球使用率最高的矢量制图软件。它主要应用于印刷出版、海报书籍排版、专业插画、多媒体图像处理和互联网页面的制作等。另外Illustrator还有很多少为人知的绘制技巧，以及创建

Adobe Illustrator 是一款非常优秀的矢量图形设计软件，也是全球使用率最高的矢量制图软件。它主要应用于印刷出版、海报书籍排版、专业插画、多媒体图像处理和互联网页面的制作等。另外Illustrator还有很多少为人知的绘制技巧，以及创建

Adobe Illustrator 是一款非常优秀的矢量图形设计软件，也是全球使用率最高的矢量制图软件。它主要应用于印刷出版、海报书籍排版、专业插画、多媒体图像处理和互联网页面的制作等。另外Illustrator还有很多少为人知的绘制技巧，以及创建

艺术效果的强大功能。所以本书会特别针对常用的"活用技巧"进行收录整理，充分活用Illustrator的功能来创造各种主流风格的视觉设计。

除了串接到拖拽的文本框中，还可以串接到图形对象中，或者串接到另一个区域文本对象上。

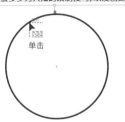

③ 快速完成自带边框效果文字

输入点状文字，字体为"ヒラギノ角ゴ StdN W8"；字号为 18 pt。打开"外观"面板，单击面板下方"添加新描边" ■ 按钮，设置描边颜色：黑色，粗细为 1.5 pt。再单击面板下方"添加新效果" *fx.* 按钮，执行"圆角矩形"命令，弹出"形状选项"对话框，设置大小为相对，额外宽度为 4 mm，额外高度为 0.5 mm，圆角半径为 5 mm。

继续单击面板下方"添加新效果" 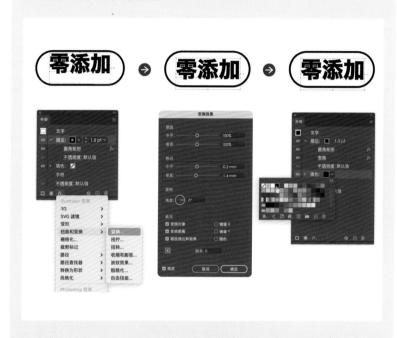 按钮，执行"变换"命令，弹出"变换效果"对话框，设置移动水平为-0.2mm，移动垂直为-1.4mm，单击"确定"按钮。接着选中面板"填色"项，填充黑色。

再次单击"添加新填色" 按钮，为其填充黄色。选中"描边"项的"圆角矩形"和"变换"效果，并按"Alt"键不放，拖拽复制到下方"填色"选项中，即可显示边框填充的颜色。

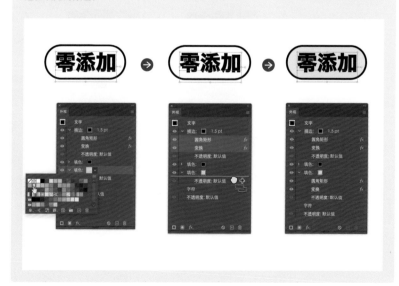

执行"窗口"→"属性"命令，打开"属性"面板，单击变换的"更多选项" 按钮，勾选"缩放描边和效果"选项。即便直接拖动文字框来缩放文字，也不会影响边框样式效果。

 →

直接更改文字内容

若要更改边框里的颜色，选中"填色：黄色"项，更换颜色（渐变、图案）即可。

④ 快速完成自带下划线效果文字

输入点状文字，字体为"ヒラギノ角ゴ StdN W8"，字号为 12 pt。打开"外观"面板，单击两次面板下方"添加新填色" 按钮，添加两个填色选项，并分别填色黑色和蓝色。接着选中"填色：蓝色"项，再单击"添加新效果" *fx.* 按钮，执行"矩形"命令。打开"形状选项"对话框，设置额外宽度为 0.5 mm，额外高度为 -1.5 mm。

 →

然后再单击"添加新效果" 按钮，执行"变换"命令，打开"变换效果"对话框，设置移动垂直为 0.5 mm，勾选选项，单击"确定"，完成。若要更改下划线颜色，选中"填色：蓝色"项，更换颜色（渐变、图案）即可。最后依然要勾选"缩放描边和效果"选项，操作方法与自带边框效果文字一致，这里不再赘述。

⑤ 标题分行编排

输入文字，字体为"阿里巴巴普惠体-Medium"，字号为18 pt。按住鼠标拖动光标 I 选取文字，单击"字符"面板中右上角 ☰ 按钮，展开下拉菜单，选择"分行横排"。进一步微调文字位置，在"字符"面板中，设置基线偏移为-1 pt，完成。

按住鼠标拖动光标 I 选取文字

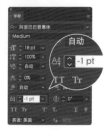

⑥ 给文字填充多种颜色

使用"选择工具（V）"选中文字，打开"外观"面板，将"填色"和"描边"一起选中，拖到"字符"下面，再更改文字"填色"即可。

当使用"外观"进行填色，若要将其他文字更改颜色，不起作用。

⑦ 快速将段落文本拆成单行的文字

首先选中段落文本，然后执行菜单栏中"对象"→"拼合透明度"命令，打开"拼合透明度"对话框，不需要更改对话框中的选项，单击"确定"按钮即可。

再次选中文本，单击鼠标右键，执行"取消编组"命令。执行"拼合透明度"命令后，整个段落文本被拆成单行的文字，可随意编辑。

⑧ **快速制作页码**

首先创建 4 个相同尺寸的画板作为画册的跨页，再使用"文本工具（T）"创建段落文本，输入页码的数字。

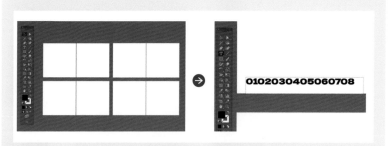

然后使用"选择工具（V）"拖动文本框，使其只显示一个页码。

把页码复制粘贴并移动到另一页的相对应位置。全选页码，按"Ctrl+X"键剪切，再按"Ctrl+Shift+Alt+V"键全部复制粘贴，快速把页码添加到其他画板的相同位置。

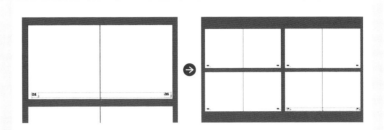

再次全选页码，执行菜单栏中"文字"→"串接文本"→"创建"命令。创建完成后，页码将会自动进行串联排序，这样就能快速建立相应画板的页码。

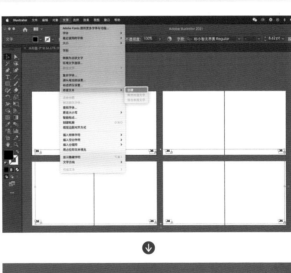

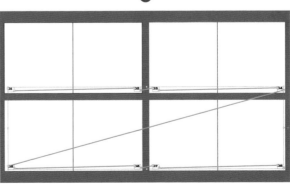

6.3
文字填色及描边

除了要创建和编辑文字，还要对它进行颜色填充、图案填充或描边等。下面讲解如何对文字进行单色填充、渐变填充以及描边操作。通过制作不同的效果，提升文字的设计艺术感。

6.3.1
颜色填充和描边

对文字进行填色和描边的方法有两个。第一个方法是直接填色和描边，另一个方法是通过"外观"面板来设置，下面讲解这两个方法的操作。

方法一：直接填色和描边

选中文字，单击控制栏的"填色"和"描边"按钮，即可完成单色填充和描边。这种方法的缺点是描边向内对齐，导致填色被"吃掉"，所以一般建议使用第二个方法。

（单色填充）　　　　　　　　　　　　（单色描边）

方法二：使用"外观"面板添加新填色和新描边

选中文字，并取消文字的填色和描边。按快捷键"Shift+F6"打开"外观"面板。单击"外观"面板左下角的"添加新填色"▢按钮后，增加了新描边和新填色的选项，即可修改文字颜色填充和描边各选项的设置。

（单色填充）

（单色描边）

调整"填色"和"描边"
的位置。

另外通过"外观"面板快速实现多层描边效果，可以多次添加新描边，如下图所示。

（修改文字内容也不会改变外观效果）

6.3.2
渐变填充
和描边

对文字本身不能直接进行渐变填充和描边，需要将文字"创建轮廓"后才能进行。但是"创建轮廓"后的文字是不能再继续编辑修改的，例如不能更换字体、字号等。所以接下来讲解一个不需要"创建轮廓"也能实现的渐变填充和描边的方法，同样使用"外观"面板来完成，操作步骤如下。

使用"外观"面板设置渐变填充

选中文字，并取消文字的填色和描边。再按"Shift+F6"键打开"外观"面板，单击"外观"面板左下角的"添加新填色"按钮。

添加了新填色和新描边的选项后，单击用于填充的渐变色。

（渐变填充）

还可以打开"渐变"面板，修改渐变类型、角度和不透明度等选项设置。

使用"外观"面板设置渐变描边

选中文字，并取消文字的填色和描边。再按快捷键"Shift+F6"打开"外观"面板，单击外观面板左下角的"添加新描边" 按钮。

添加了新填色和新描边的选项后，单击"描边"选项填充渐变色。修改描边的边角为圆角连接，并调整"描边"和"填色"位置，如下图所示。

（渐变描边）

Tips

通过"图形样式"面板对文字进行渐变填充和描边

选中文字，按"Shift+F5"键打开"图形样式"面板，单击第一个"默认图形样式"按钮，即可对文字直接进行渐变填充和描边。

  →  →

6.3.3
立体字案例

本案例结合"外观"面板以及"变换效果"命令来对字体完成立体效果的设置，操作步骤如下。

Step 1

输入文字，字体为"标小智无界黑 Regular"，字号为 15 pt。再使用"选择工具（V）"选中文字，并取消文字的填色和描边。

Step 2

按"Shift+F6"键打开"外观"面板，单击面板左下角的"添加新填色" □ 按钮，添加了新填色和新描边的选项后，单击需要填充的渐变色。

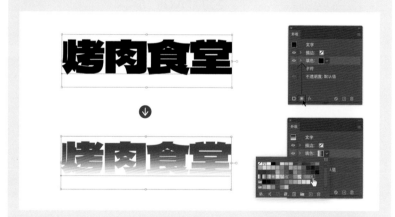

Step 3

单击"描边"选项填充黑色并修改描边粗细，并调整"描边"和"填色"位置。

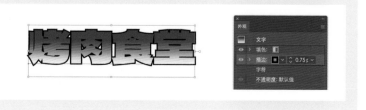

Step 4

选中"描边"，并单击外观面板下方"添加新效果" *fx.* 按钮，执行"扭曲和变换"→"变换"命令。使用"变换"效果，增加立体厚度，这是制作立体字的关键一步。

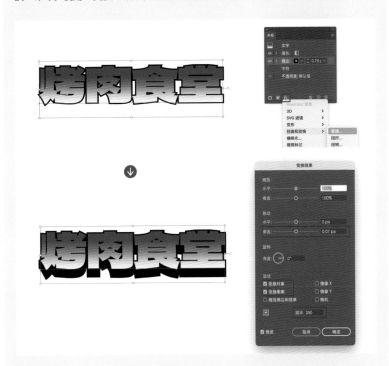

Step 5

最后执行菜单栏中"对象"→"封套扭曲"→"用变形建立"命令，打开"变形选项"对话框，设置样式为下弧形，水平弯曲为-15％。完成立体字整体效果。

（背景的放射线操作可参考 132 页）

LIQUIFY, BLEND, ENVELOP DISTORT

Lesson 7
液化变形、混合、
封套扭曲

本课内容包括液化变形工具"混合"以及"封套扭曲"命令，
它们用来完成各种视觉设计。

7.1
液化变形工具

使用以下液化变形工具，可以在对象上创建扭曲、膨胀、收缩等夸张的变形效果。而且这些工具在对象不被选中的状态下也能执行操作，如果选择了对象，则变形将仅用于所选对象，不会影响其他对象。

名称	快捷键
宽度工具	Shift+W
变形工具	Shift+R
旋转扭曲工具	无
缩拢工具	无
膨胀工具	无
扇贝工具	无
晶格化工具	无
皱褶工具	无

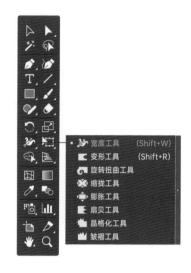

7.1.1
宽度工具
(Shift+W)

"宽度工具"可以改变路径的粗细程度和造型，在一个路径上，可以生成一个调整宽度的手柄，通过拖拉该手柄，可以设定该区域范围的描边局部粗细程度变化。

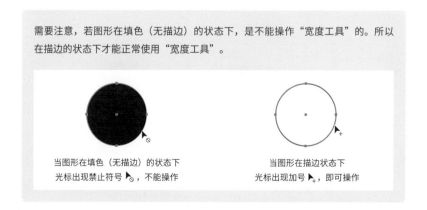

需要注意，若图形在填色（无描边）的状态下，是不能操作"宽度工具"的。所以在描边的状态下才能正常使用"宽度工具"。

当图形在填色（无描边）的状态下
光标出现禁止符号，不能操作

当图形在描边状态下
光标出现加号，即可操作

通过"宽度工具"修改线条宽度得到其他多样的图形，操作如下。

Step 1

首先使用"直线工具（\）"绘制一条直线，并设置其描边为黑色，粗细为1pt。

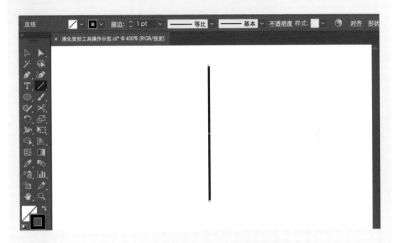

Step 2

接着使用"宽度工具（Shift+W）"，当光标放到直线上出现一个圆点，且光标显示
为 ▶₊ 时，立即单击鼠标向外拖动，释放鼠标后，就会形成两边向外伸的对称图形，
如下图所示。

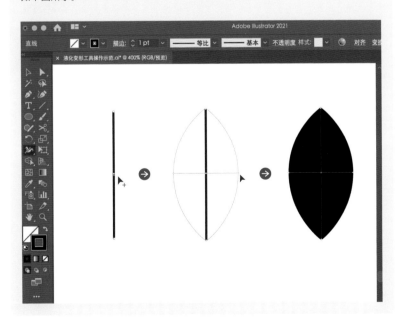

如果只改变一侧的宽度，按"Alt"键不放，按着鼠标向外拖动即可。

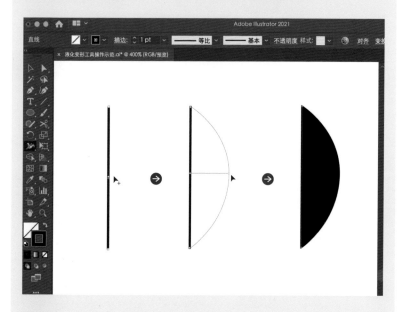

Step 4

若要继续改变宽度，当鼠标移到边缘上显示圆点且光标显示为↖时，单击鼠标向右拖动，即可加大宽度；若要缩窄，鼠标向左拖动即可。

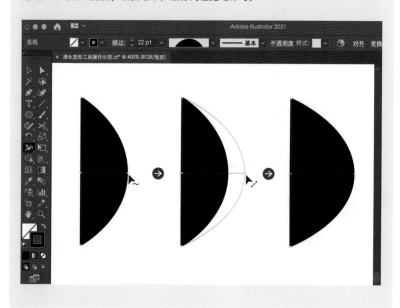

还可以在路径上拖动多个点来改变宽度程度，快速绘制出不同的造型，下图是通过宽度工具快速将一个直线段做出不同形态图形的案例。

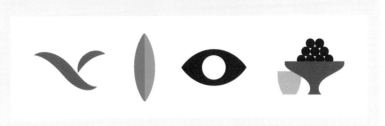

7.1.2
变形工具
(Shift+R)

"变形工具"通过鼠标的拖动来实现变形，向外拖动就会向外扩展，向内拖动则向内收缩。而在使用该工具前，需要设置"变形工具选项"的参数，如画笔尺寸和变形选项。

"变形工具选项"各选项含义

❶ **宽度/高度:** 设置笔刷的大小，若两数值不一致，笔刷为椭圆形，反之为圆形。

❷ **角度:** 设置笔刷的旋转角度。

❸ **强度:** 设置笔刷在使用时的变形程度，数值越大，变形程度越强烈。若使用手绘板可勾选"使用压感笔"来控制强度。

❹ **变形选项:** 设置变形时图形的细节和简化效果。

双击"变形工具（Shift+R）"，打开"变形工具选项"对话框。

Tips

使用快捷键调整笔刷大小

先按住"Alt"键不放，再单击鼠标并向上、向下或向内、向外拖动，可改变笔刷的大小。若想要等比例缩放笔刷，则按住"Shift+Alt"键不放，再单击鼠标向内或向外拖动。

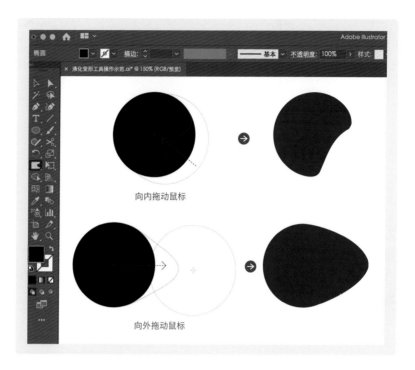

向内拖动鼠标

向外拖动鼠标

7.1.3
旋转扭曲
工具

使用"旋转扭曲工具"能让图形形成类似漩涡状的变形效果。该工具除了拖动鼠标产生变形，还可以将鼠标放置到图形上静止不动，只需按住鼠标不放也能使图形变形。按住鼠标的时间越长，变形效果越强。

"旋转扭曲工具选项"各选项含义

❶ 旋转扭曲速率：设置旋转扭曲的变形速度，其取值范围为-180°～180°。负值以顺时针旋转，正值以逆时针旋转。当数值越接近-180°或180°，扭转速度越快。越接近0°，扭转速度越缓慢。

参数设置与"变形工具选项"的方法一样，这里不再赘述。只讲解"旋转扭曲速率"这项含义。

双击"旋转扭曲工具"，打开"旋转扭曲工具选项"对话框。

下面通过"旋转扭曲工具"来制作水墨波纹纹理的效果，操作如下。

Step 1

使用"矩形工具（M）"绘制一个矩形，尺寸为 100 px×80 px，填色为灰色。接着双击"旋转扭曲工具"，打开"旋转扭曲工具选项"对话框，设置相关的参数。

Step 2

将笔刷放在矩形右下角的位置，按住鼠标不放的同时，以画圈方式多次移动鼠标，注意画圈的幅度不能过大，直到效果类似水墨波纹效果，如下图所示。

多次移动鼠标

最后"建立剪切蒙版（Ctrl+7）。",将图形置于最底层,并调整颜色,作为海报的背景。

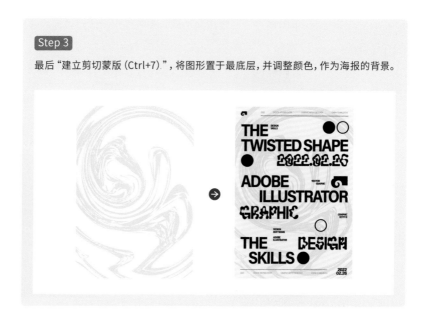

7.1.4
缩拢工具

"缩拢工具"可以对图形进行收缩变形。该工具与"旋转扭曲工具"一样,按住鼠标不动或拖动鼠标都能使图形向内收缩,操作如下。

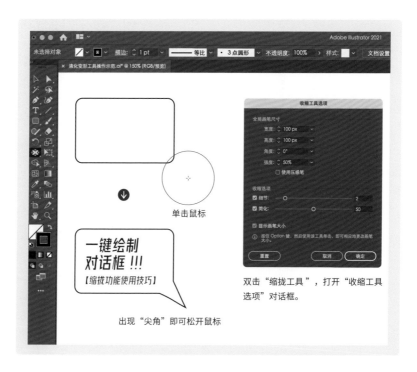

7.1.5
膨胀工具

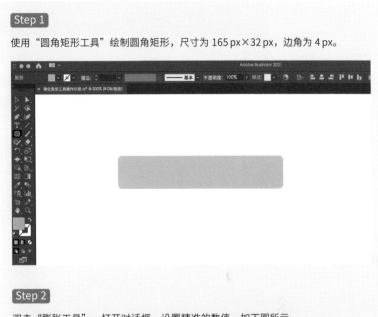

"膨胀工具"与"缩拢工具"的变形效果刚好相反，可创建扩张、膨胀的效果。按着鼠标不动或拖动鼠标都可以膨胀图形，基本操作方法如下。

Step 1

使用"圆角矩形工具"绘制圆角矩形，尺寸为 165 px×32 px，边角为 4 px。

Step 2

双击"膨胀工具"，打开对话框，设置精准的数值，如下图所示。

将光标移到圆角矩形中心，"十字"符号对准图形中心，并单击鼠标不放开，直到创建膨胀效果。

继续为图形添加其他元素和文字内容，字体为"CityDBol"，完成整体的编排。

7.1.6
扇贝工具

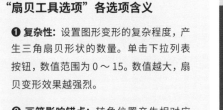

"扇贝工具"可以创建三角扇贝的变形效果。使用该工具时，按住鼠标的时间越长（或多次按住鼠标），变形效果越强烈。

"扇贝工具选项"各选项含义

❶ **复杂性：** 设置图形变形的复杂程度，产生三角扇贝形状的数量。单击下拉列表按钮，数值范围为 0 ~ 15。数值越大，扇贝变形效果越强烈。

❷ **画笔影响锚点：** 转角位置产生相对应的锚点。

❸ **画笔影响内切线手柄：** 沿三角形正切方向变形。

❹ **画笔影响外切线手柄：** 沿三角形正切反方向变形。

双击"扇贝工具"，打开"扇贝工具选项"对话框。

下面通过一个圆形来演示"扇贝工具"的基本操作方法。

Step 1

使用"椭圆工具（L）"绘制圆形，尺寸为 70 px×70 px。

双击"扇贝工具"打开对话框，设置参数。将光标移到圆形中心，"十字"符号对准图形中心，并单击鼠标不放开，直到形成扇贝形状效果，如下图所示。

按住鼠标的时间越长（或多次按住鼠标）变形效果越强烈

此图为多次按鼠标的变形效果

按住鼠标的时间越长（或多次按住鼠标）变形效果越强烈

此图为多次按鼠标的变形效果

按住鼠标的时间越长（或多次按住鼠标）
变形效果越强烈

按住鼠标的时间越长（或多次按住鼠标）
变形效果越强烈

此图为多次按鼠标的
变形效果

7.1.7
晶格化工具

"晶格化工具"与"扇贝工具"的作用相反,"扇贝工具"产生向内的弯曲,晶格化工具则产生向外的尖锐凸起,形成锥化的效果。"晶格化工具选项"的各项含义与"扇贝工具选项"一致,这里不再赘述,只展示简单的操作方式。

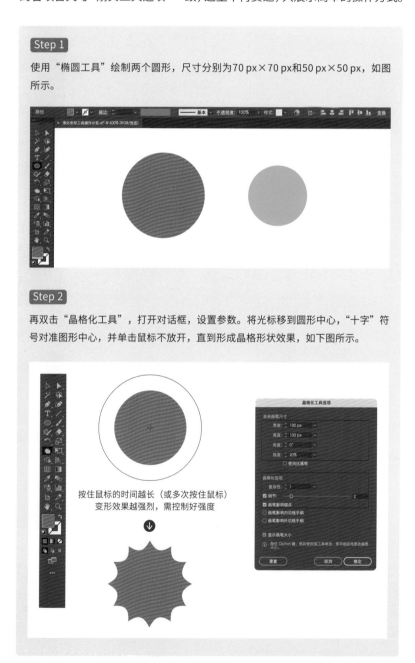

Step 1

使用"椭圆工具"绘制两个圆形,尺寸分别为70 px×70 px和50 px×50 px,如图所示。

Step 2

再双击"晶格化工具",打开对话框,设置参数。将光标移到圆形中心,"十字"符号对准图形中心,并单击鼠标不放开,直到形成晶格形状效果,如下图所示。

按住鼠标的时间越长(或多次按住鼠标)
变形效果越强烈,需控制好强度

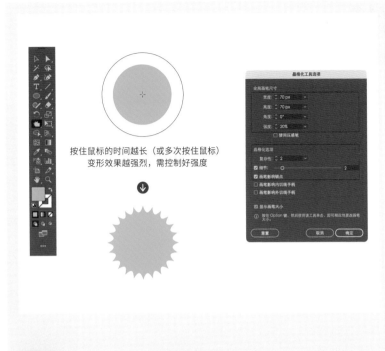

按住鼠标的时间越长（或多次按住鼠标）
变形效果越强烈，需控制好强度

Step 3

调整其大小和位置，完成整体的画面编排。

7.1.8
皱褶工具
▼

"皱褶工具"可以创建不规则的起伏效果。使用该工具时，按住鼠标的时间越长，起伏的效果越大，类似于皱褶的细节效果。

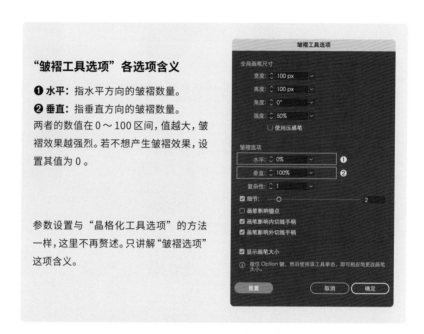

"皱褶工具选项"各选项含义

❶ **水平：** 指水平方向的皱褶数量。

❷ **垂直：** 指垂直方向的皱褶数量。

两者的数值在 0～100 区间，值越大，皱褶效果越强烈。若不想产生皱褶效果，设置其值为 0。

参数设置与"晶格化工具选项"的方法一样，这里不再赘述。只讲解"皱褶选项"这项含义。

下面通过"皱褶工具"来制作复古做旧肌理的字体效果，操作步骤如下。

Step 1

选中"文字工具（T）"，输入文字，字体为"游教科書体 - 粗体"，字号为 33 pt。

Step 2

选中文字，执行"命令"→"扩展"命令，并打开"外观（Shift+F6）"面板，单击
"添加新描边"按钮，进行描边加粗，粗细为2 pt。

Step 3

文字设置好后，开始进行肌理的绘制。先使用"矩形工具（M）"绘制一个矩形，
尺寸为125 px×40 px。

Step 4

再双击"皱褶工具",打开"皱褶工具选项"对话框,设置参数。将光标移到下图所示之处,并单击鼠标不放开,直到形成皱褶形状效果。

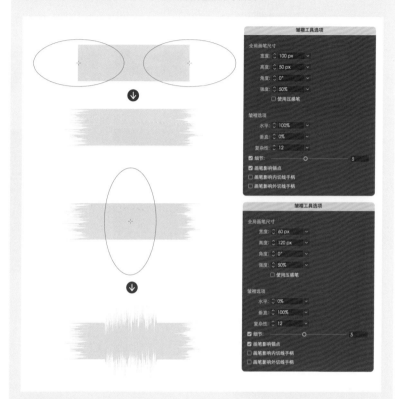

Step 5

再将皱褶图形置于顶层,全选对象,右键单击鼠标,执行"建立剪切蒙版"命令。

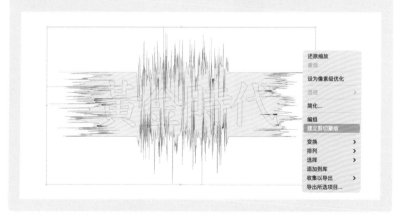

Step 6

建立剪切蒙版后，再选中对象，右击鼠标，执行"隔离选中的剪切蒙版"命令，调整皱褶图形的大小及位置，直到符合想要的视觉效果。

调整皱褶图形的大小及位置

最后添加一个肌理素材作为背景，调整混合模式和透明度，完成画面的布局。

混合模式：柔光
透明度：75%

194

7.2
混合艺术效果

混合艺术效果在 Illustrator 中经常被使用到，而且在版面视觉中起到相当重要的作用。以下通过案例来讲解"混合"命令的操作方法和注意事项。

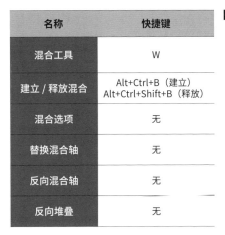

名称	快捷键
混合工具	W
建立 / 释放混合	Alt+Ctrl+B（建立） Alt+Ctrl+Shift+B（释放）
混合选项	无
替换混合轴	无
反向混合轴	无
反向堆叠	无

"混合"命令可以在两个或多个对象之间建立一系列的中间对象，使其具有形状混合和颜色混合的过渡视觉效果。而用于创建混合的对象可以是图形、图案、渐变、混合路径等。

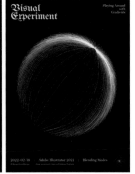

7.2.1
建立混合
(Alt+Ctrl+B)

建立混合有两种方法：一种是使用"混合工具（W）"，另一种是执行菜单栏中的"对象"→"混合"→"建立（Alt+Ctrl+B）"命令。"混合"命令的具体操作方法如下。

选中要混合的对象，再执行菜单栏中的"对象"→"混合"→"建立（Alt+Ctrl+B）"命令，图形会按默认的混合方式进行混合过渡，效果如下。

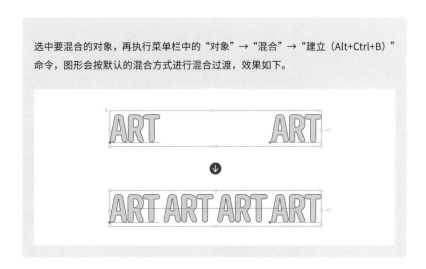

7.2.2
混合选项

为了能创建出更丰富多变的混合效果，可以通过"混合选项"对话框来设置混合过渡的方式和图形的走向。

选中建立后的混合对象，再执行菜单栏中的"对象"→"混合"→"混合选项"命令，或者双击"混合工具（W）"，弹出"混合选项"对话框，如下图所示。

❶ **间距:** 设置混合对象过渡融合的方式。包括平滑颜色，指定的步数，指定的距离。

❷ **取向:** 控制混合对象的走向，包括对齐页面 ⊬⊬⊬ 和对齐路径 ⊬⊬⊬ 。

196

平滑颜色

根据混合对象之间的距离来自动生成合适的混合步数，达到颜色平滑的过渡效果，如下图所示。

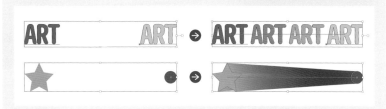

指定步数

指混合的步数，也就是在混合过渡中生成过渡图形的数量。比如在文本框输入数值 10，创建混合效果如下图所示。

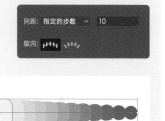

指定距离

指混合对象之间的距离。数值越小，混合对象之间的距离越小，反之越大。比如在文本框输入数值 1.5 px 和 5 px，创建混合效果如下图所示。

取向

指混合过渡图形的走向，一般运用在曲线混合效果中，分别是"对齐页面"和"对齐路径"。

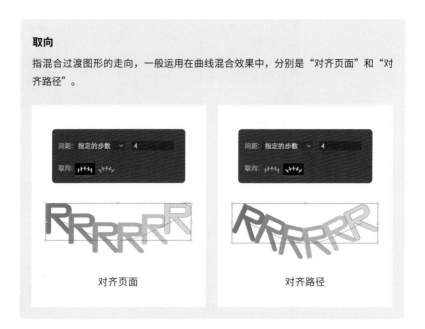

对齐页面　　　　　　　　　　　　　　对齐路径

7.2.3
替换混合轴
及案例

创建混合效果之后，两个混合对象之间会生成一条直线路径，也就是混合轴。可以在这条混合轴上添加删除锚点、拖动锚点、改变锚点边角等。

（此路径为混合轴）

（在这条混合轴上添加锚点、改变锚点边角，混合效果也随之改变）

如果想更快速制作出复杂的混合轴，可以执行"替换混合轴"命令，替换原混合对象的混合轴来完成各种造型效果。下面通过"替换混合轴"命令来制作立体造型效果。

Step 1

使用"矩形工具（M）"绘制两个黑白颜色的正方形，将其组合为一个大的正方形，全选后单击鼠标右键，弹出下拉菜单，选择"编组"命令。

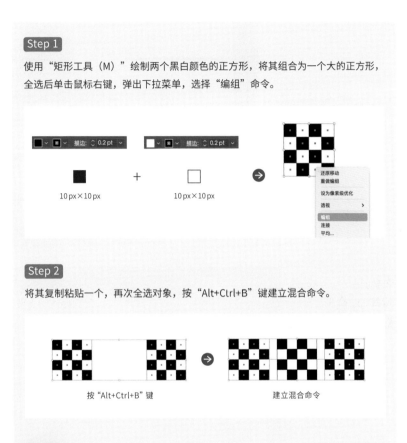

Step 2

将其复制粘贴一个，再次全选对象，按"Alt+Ctrl+B"键建立混合命令。

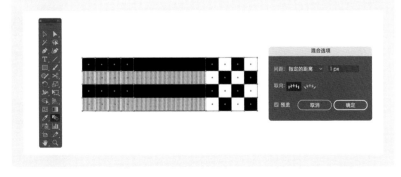

按"Alt+Ctrl+B"键　　　　　建立混合命令

Step 3

再双击工具栏的"混合工具（W）"，弹出"混合选项"对话框，设置指定的距离为1px，单击"确定"。

使用"钢笔工具（P）"绘制图形"5"。

全选对象，并执行菜单栏"对象"→"混合"→"替换混合轴"命令。

Step 6

执行"对象"→"混合"→"反向混和轴"/"反向堆叠"命令，尝试"反向混合轴"
或"反向堆叠"的效果。

（反向混合轴）　　　　　　（反向堆叠）

反向混合轴： 将混合对象的首尾位置进行对调。

反向堆叠： 修改混合对象的排列顺序，如从前到后修改为从后到前。

Step 7

最后完成版面的编排，并添加肌理质感，提高逼真感。

7.3
封套扭曲艺术效果

在 Illustrator 中，"封套扭曲"是一个比较灵活且具有可控性的扭曲变形工具，主要有 3 种不同的扭曲命令，分别为"用变形建立""用网格建立"以及"用顶层对象建立"。

名称	快捷键
用变形建立	Alt+Ctrl+Shift+W
用网格建立	Alt+Ctrl+M
用顶层对象建立	Alt+Ctrl+C
封套选项	无

封套是用于扭曲对象的图形，被扭曲的对象叫做封套内容。通俗的讲，封套就好比一个容器，而封套内容就像是放入容器的液状物体，容器是什么形状，里面的溶液也呈相同的形状，封套扭曲应用原理也是如此。

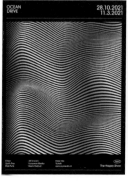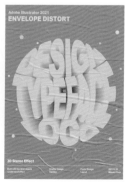

7.3.1
用变形建立
及案例

"用变形建立"是封套扭曲一项预设的变形命令，其中包含 15 种现有的变形样式，选择其中一种样式后，还可以设置其变形和扭曲程度。

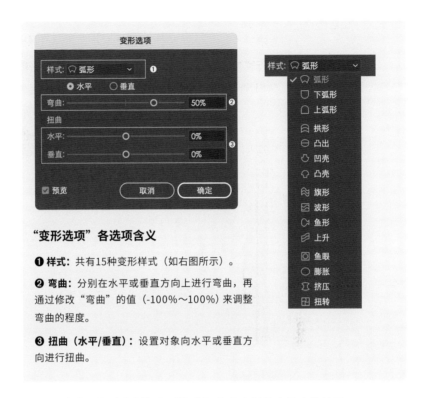

"变形选项"各选项含义

❶ **样式：** 共有15种变形样式（如右图所示）。

❷ **弯曲：** 分别在水平或垂直方向上进行弯曲，再通过修改"弯曲"的值（-100%～100%）来调整弯曲的程度。

❸ **扭曲（水平/垂直）：** 设置对象向水平或垂直方向进行扭曲。

下面通过"用变形建立"和"混合"命令来制作立体字的效果。

输入文字"Surprise"，设置字体为"Franklin Gothic Demi-Regular"，字号为
40 pt，调整文字的大小、字间距和颜色。再执行"对象"→"封面扭曲"→"用变
形建立"命令，打开"变形选项"对话框，设置各选项。

Step 2

完成变形之后，将图形进行扩展，执行"对象"→"扩展"。再将图形复制一个，
调整大小，并填充颜色和描边效果，如下图所示。

204

Step 3

将图形一前一后进行居中对齐排列，再全选执行"对象"→"混合"→"建立"命令，继续执行"对象"→"混合"→"混合选项"。弹出对话框后，设置间距，指定的距离为 0.1 px，如下图所示。

Step 4

最后完成版面的编排。

7.3.2
用网格建立
及案例

"用网格建立"在对象上创建变形网格，再通过网格上的点来调整扭曲程度，具有较强的可控性。下面通过"用网格建立"来制作波纹效果。

Step 1

使用"矩形工具 (M)"，绘制一个矩形，尺寸为 120 px×1 px，填色为黑色。再执行"效果"→"扭曲和变换"→"变换"命令，设置参数，点击"确定"按钮。

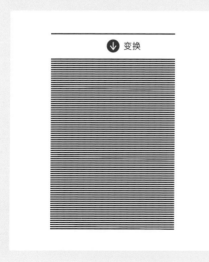

Step 2

对变换后的对象执行"对象"→"扩展外观"命令，再执行"对象"→"封套扭曲"→"用网格建立"命令，打开"封套网格"对话框，在对话框中输入网格的行数和列数。

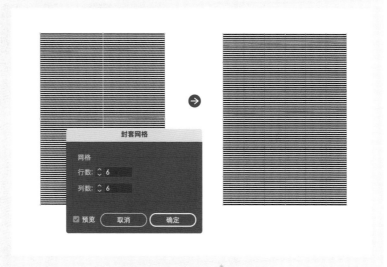

Step 3

创建网格状的变形封套之后，接着使用"直接选择工具（A）"框选锚点，调整网格位置，可以拖动锚点或改变锚点手柄的方向，还可以增删锚点，操作与调整路径一样。

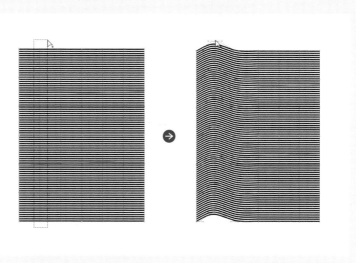

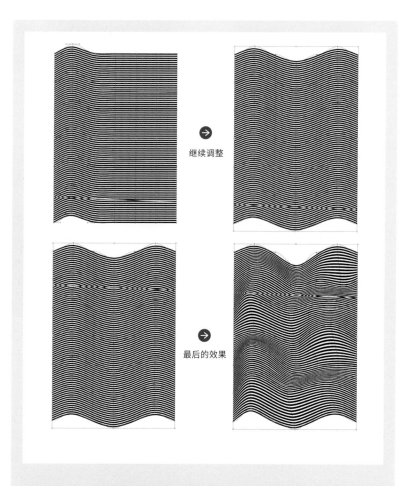

继续调整

最后的效果

另外在控制栏中可以调整封套网格的设置，包括"编辑封套" 和"编辑内容" 。

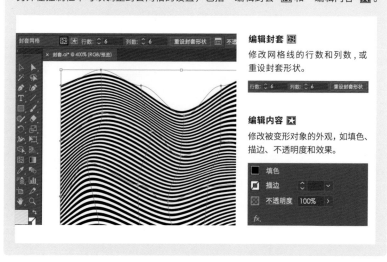

编辑封套

修改网格线的行数和列数，或重设封套形状。

编辑内容

修改被变形对象的外观，如填色、描边、不透明度和效果。

Step 4

绘制一个矩形，置于顶部，并与封套对象居中。选中矩形和封套对象，右键单击鼠标，选择"建立剪切蒙版"命令。

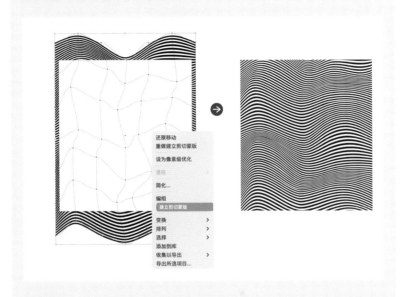

Step 5

完成版面的编排，再将波纹填色为白色。为了让图形看起来更逼真，可将填色更改为黑白的渐变色，形成阴影效果，增加立体感。

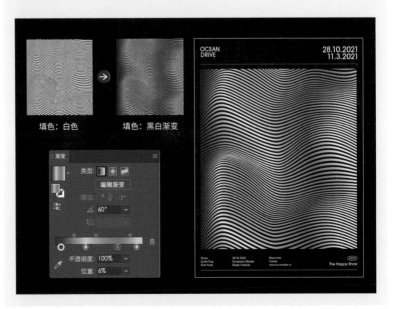

7.3.3
用顶层对象
建立及案例

在使用"用顶层对象建立"命令之前，需要绘制一个作为封套变形的形状对象，再将其放置于需要变形对象的顶层，全选后执行"对象"→"封套扭曲"→"用顶层对象建立"命令，即可完成以形状对象为基础的变形效果。下面通过此命令来完成立体字的案例，操作如下。

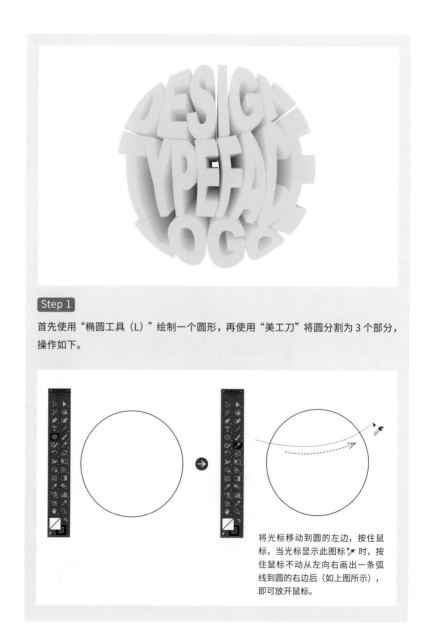

Step 1

首先使用"椭圆工具（L）"绘制一个圆形，再使用"美工刀"将圆分割为 3 个部分，操作如下。

将光标移动到圆的左边，按住鼠标，当光标显示此图标 时，按住鼠标不动从左向右画出一条弧线到圆的右边后（如上图所示），即可放开鼠标。

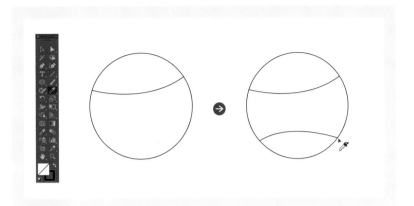

Step 2

输入文字，文字内容可自定义，如"DESIGN、TYPEFACE、LOGO"3个词，字体为"Arial Black"，调整字体大小和字间距。建议字体选择粗体，便于后续完成立体的效果。

DESIGN

TYPEFACE

LOGO

Step 3

接下来开始使用"用顶层对象建立"命令来实现封套扭曲。选中刚分割好的圆形，右键单击鼠标，选择"排列"→"置于顶层"。

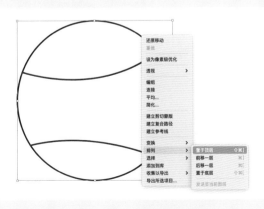

选中第一个单词"DESIGN"和被分割的第一个部分，再执行"对象"→"封套扭曲"→"用顶层对象建立（Alt+Ctrl+C）"命令，即可看到文字被置入于图形中，跟随着图形的形状而变形扭曲，如下图所示。

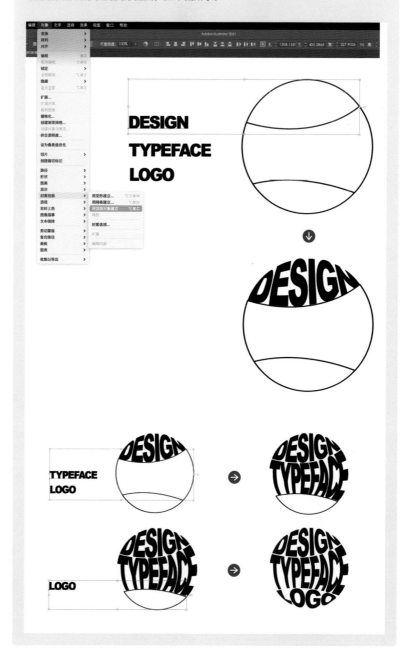

Step 5

选中刚才完成的变形图形，执行"对象"→"扩展"命令，弹出"扩展"对话框，单击"确定"。

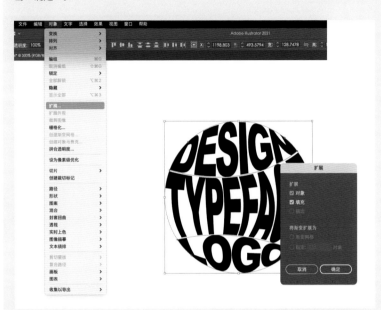

Step 6

完成扩展后，对图形执行"编组（Ctrl+G）"命令，并将它复制一个出来，改变它们的大小及颜色，如下图所示。

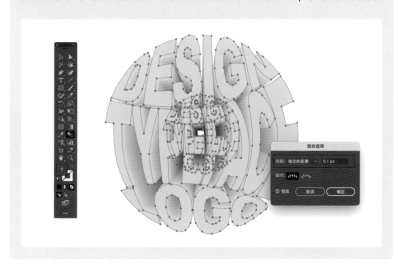

Step 7

对小图形执行"置于底层（Shift+Ctrl+[）"命令，并与大图形居中对齐。全选它们再执行"对象"→"混合"→"建立"命令。

Step 8

建立"混合"后，需要再次打开"混合选项"对话框来设置参数。双击工具栏的"混合工具（W）"，打开"混合选项"对话框，设置指定的距离为 0.1 px，形成立体视觉。

Step 9

最后将立体字作为画面的主体，完成版面布局。

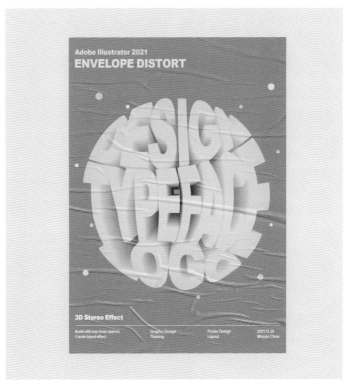

WORKING WITH
ART EFFECT

Lesson 8
外观艺术效果的应用

本课介绍了滤镜和效果命令的使用方法，如 3D 效果、扭曲和变换效果、
风格化效果，让设计工作者掌握不同外观效果的应用技巧。

8.1
3D 效果

"3D" 命令可以将某个二维对象或组的图稿创建成三维效果的模型。为了让三维效果更加逼真，可以设置三维模型的角度、透视、光源及其他属性，还可以将符号作为贴图投射到三维模型的每一个表面上。

名称	快捷键
凸出和斜角	无
绕转	无
旋转	无

8.1.1
凸出和斜角

"凸出和斜角"命令通过挤压为路径增加厚度来创建立体对象，也就是将二维图形以增加厚度的方式创建出三维立体模型的效果。

首先选中一个二维图形，再执行菜单栏中的"效果"→"3D"→"凸出和斜角"命令，打开"3D 凸出和斜角选项"对话框，设置相关参数，并点击"贴图"按钮，为 3D 图形完成贴图效果。

接下来详细讲解"3D凸出和斜角选项"对话框各选项含义及操作。主要包括"位置""凸出与斜角""表面"和"贴图"等。

视图位置角度 首先将三维对象调整到合适的视图角度，这个步骤在"位置"选项完成，可以通过 3 种方式来调整位置。

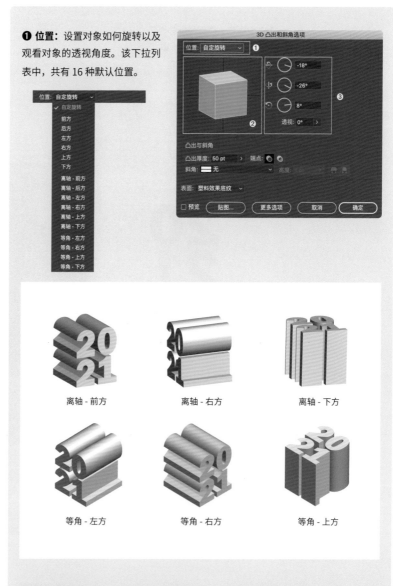

❶ **位置：** 设置对象如何旋转以及观看对象的透视角度。该下拉列表中，共有 16 种默认位置。

离轴 - 前方　　　　　离轴 - 右方　　　　　离轴 - 下方

等角 - 左方　　　　　等角 - 右方　　　　　等角 - 上方

❷ **拖动立方体旋转：** 将鼠标移动到立方体上，根据光标的变化拖动，同样能切换到不同的视图。

❸ **输入数值：** 在 x 轴、y 轴、z 轴输入 -180 ～ 180 之间的数值，能精确得到合适的视图。而"透视"可以让立体感更加真实。

厚度和斜角　模型的厚度和斜角在"3D 凸出与斜角选项"对话框中操作，包括"凸出厚度""端点""斜角""高度"等设置。

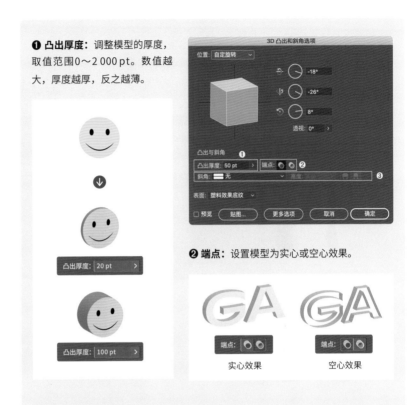

❶ **凸出厚度：** 调整模型的厚度，取值范围0～2 000 pt。数值越大，厚度越厚，反之越薄。

❷ **端点：** 设置模型为实心或空心效果。

❸ **斜角：** 为模型添加斜角效果，在下拉列表中有 11 种斜角效果。同时还可以通过"高度"来调整斜角的高度。

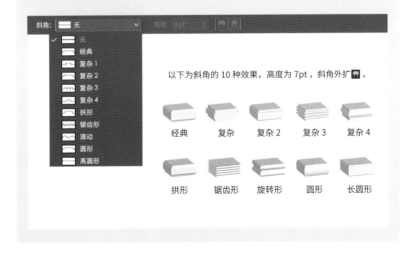

表面底纹　当完成模型"视图位置角度""厚度和斜角"的设置后,开始进行"表面底纹"和"光源"的预设。

单击界面下方的"更多选项"按钮,展开"表面"选项组。此时不但可以预设表面底纹的效果,还可以根据需求添加和调整光源,设置光源强度、环境光、高光强度和大小、底纹颜色等,让模型更加立体逼真。

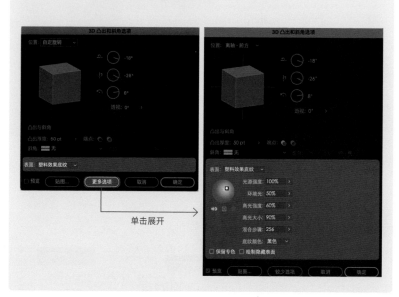

单击"表面"选项的下拉菜单按钮 ☑,下拉列表中有4种表面预设效果,包括:线框、无底纹、扩散底纹和塑料效果底纹。

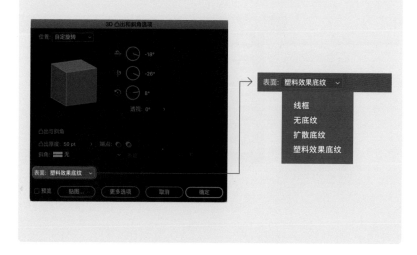

❶ **线框：**以线框轮廓形式显示。

❷ **无底纹：**模型没有明暗变化，看上去是平面效果，与原始图形颜色相同。

❸ **扩散底纹：**使模型具有柔和、扩散的明暗变化。

❹ **塑料效果底纹：**使模型具有强烈的立体效果，看上去类似塑料，一般默认使用此底纹。

光源设置　将"表面"设置为扩散底纹或塑料效果底纹时，可以继续为表面添加光源。下面以塑料效果底纹为例，介绍光源设置各选项的含义。

光源控制预览区：此区域主要作用是手动移动鼠标来控制光源的位置，还可以添加或删除光源。

鼠标拖动图标，改变光源位置。

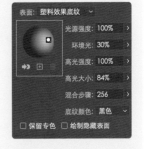

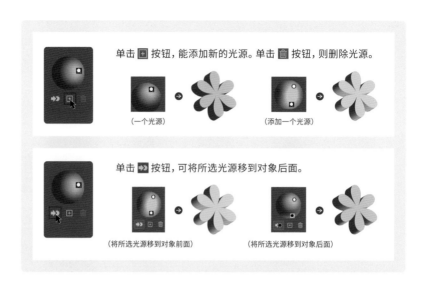

单击 ⊞ 按钮，能添加新的光源。单击 🗑 按钮，则删除光源。

（一个光源） → （添加一个光源） →

单击 ⇥ 按钮，可将所选光源移到对象后面。

（将所选光源移到对象前面） （将所选光源移到对象后面）

了解光源控制区域后，接着介绍光源各选项的含义。

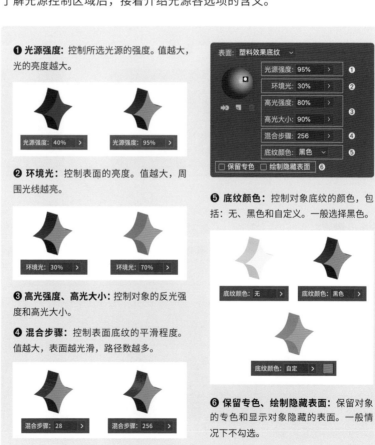

❶ **光源强度：** 控制所选光源的强度。值越大，光的亮度越大。

光源强度：40%　光源强度：95%

❷ **环境光：** 控制表面的亮度。值越大，周围光线越亮。

环境光：30%　环境光：70%

❸ **高光强度、高光大小：** 控制对象的反光强度和高光大小。

❹ **混合步骤：** 控制表面底纹的平滑程度。值越大，表面越光滑，路径数越多。

混合步骤：28　混合步骤：256

表面：塑料效果底纹

光源强度：95% ❶
环境光：30% ❷
高光强度：80%
高光大小：90% ❸
混合步骤：256 ❹
底纹颜色：黑色 ❺
□ 保留专色　□ 绘制隐藏表面 ❻

❺ **底纹颜色：** 控制对象底纹的颜色，包括：无、黑色和自定义。一般选择黑色。

底纹颜色：无　底纹颜色：黑色

底纹颜色：自定

❻ **保留专色、绘制隐藏表面：** 保留对象的专色和显示对象隐藏的表面。一般情况下不勾选。

贴图

为了让模型效果更加丰富多变，可以通过"贴图"来表现材质、纹理和质感，而选择贴图用的图稿从"符号"中选取（若要创建和编辑符号，需要使用"符号"面板）。下面通过一个简单的模型讲解选取贴图的步骤。

首先使用"椭圆工具（L）"绘制一个黄色的圆形，再执行"效果"→"3D"→"凸出和斜角"命令，打开对话框。设置各选项的参数，注意"端点"选择空心外观。

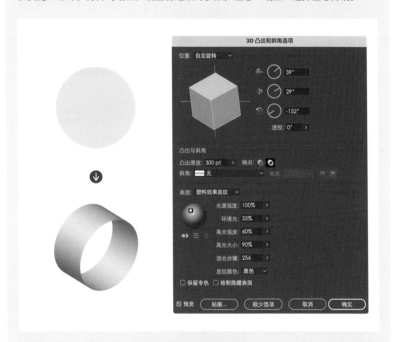

接着对三维模型进行贴图，单击"贴图"按钮，打开"贴图"对话框，即可以选取贴图。

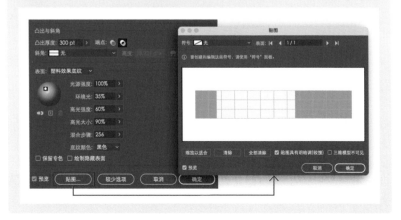

❶ 符号： 为三维模型选择贴图用的图稿符号。也就是如果要使用贴图，首先要确定"符号"面板中是否含有该符号。

(将创建的图形拖进"符号"面板)

(新建好的符号，就会出现在"贴图"中)

❷ 表面： 切换到需要贴图的表面。表面越多，数值越大。所以越复杂的三维模型，越有更多的表面需要贴图。

❸ 贴图编辑区域： 通过鼠标可手动调整符号大小。

❹ 缩放以适合： 单击此按钮，自动缩放符号大小，与当前表面的大小一致。

❺ 清除 / 全部清除： 单击"清除"按钮，删除当前表面的贴图符号；单击"全部清除"按钮，删除所有表面的贴图。

❻ 贴图具有明暗调（较慢）： 勾选该项，贴图会根据当前模型的明暗变化自动融合，贴图效果更自然真实。

❼ 三维模型不可见： 勾选该项，仅显示贴图效果，三维模型被隐藏起来。

8.1.2
立体丝带
造型案例

本案例主要通过"3D-凸出和斜角"命令来实现立体效果的多彩丝带造型设计，操作如下。

Step 1

首先使用"钢笔工具（P）"绘制出一条曲线线条，如下图所示。

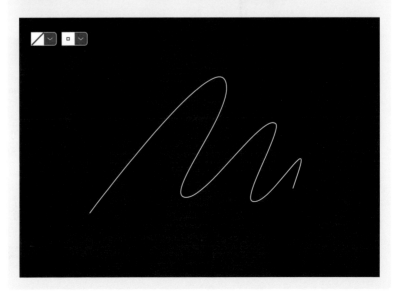

选中线条，执行"效果"→"3D"→"凸出和斜角"命令，打开"3D 凸出和斜角选项"
对话框，设置相关参数。然后单击"贴图"按钮。

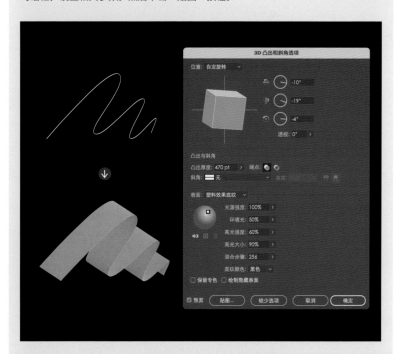

Step 3

打开"贴图"对话框，给模型的表面进行贴图操作。

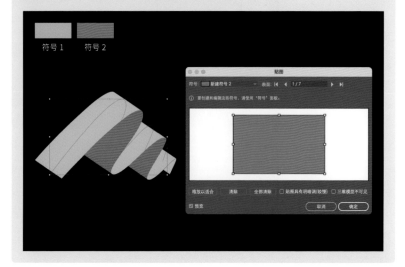

Step 4

在 Step 3 中，除了对表面进行"贴图"外，还可以使用执行"扩展外观"命令的方法，将 3D 对象拆分为多个部分，再逐一进行填色。选中 3D 对象，执行"对象"→"扩展外观"命令。

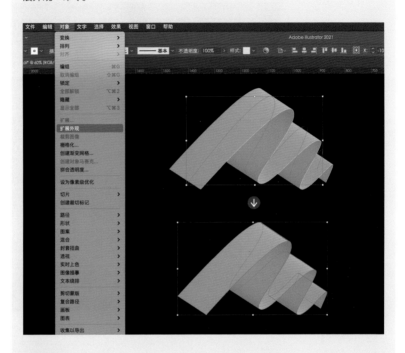

Step 5

然后右键单击鼠标，选择"取消编组"，需要执行两次"取消编组"才能得到拆分的部分。

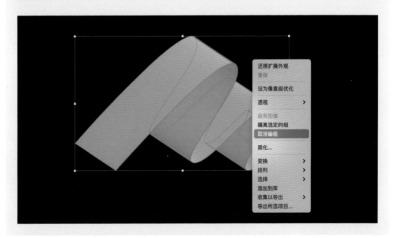

接着使用"吸管工具（I）"，吸取提前准备好的颜色，将拆分的部分进行填色。最后
完成版面的编排。

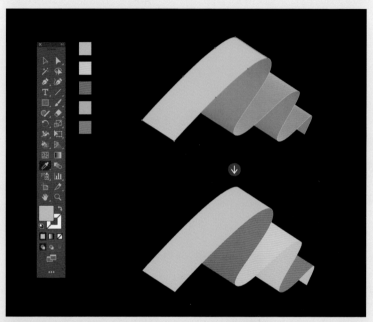

8.1.3
绕转

"绕转"是 3D 效果的第二个命令，它可以根据指定的路径，使图形沿着绕转轴进行旋转，从而生成三维模型。"凸出和斜角"与"绕转"的区别，在于"绕转"选项中的"角度""位移"和"绕转轴"选项。

Step 1

使用"钢笔工具（P）"绘制一个纸杯的剖面图，再执行"效果"→"3D"→"绕转"命令，打开"3D 绕转选项"对话框，设置相关参数。

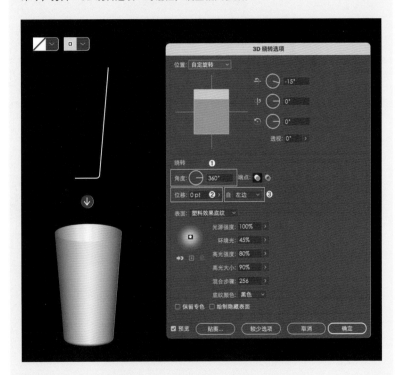

❶ **角度：** 设置对象的旋转角度。若角度小于360°，模型会出现断面。

❷ **位移:** 设置对象与转轴的距离。取值范围为 0 ～ 1 000 pt，取值越大，离绕转轴就越远。一般默认位移为 0 pt。

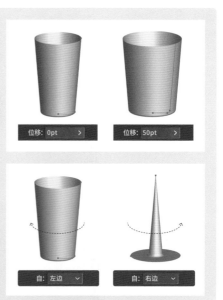

❸ **自:** 设置对象相对于绕转轴的位置。选择"左边"以二维剖面图的左边为轴进行绕转。反之以右边为轴绕转。所以选择左边或右边，都会生成不同的外形效果。

Step 2

接着创建杯盖的三维模型。依然要绘制杯盖的剖面图，再执行"绕转"命令，打开"3D 绕转选项"对话框，完成各参数设置，如下图所示。

Step 3

最后是贴图的步骤。需提前绘制好贴图的图稿，将它添加到"符号"面板，这样就可以在"贴图"中选取符号，选择需要贴图的表面进行贴图，如下图所示。

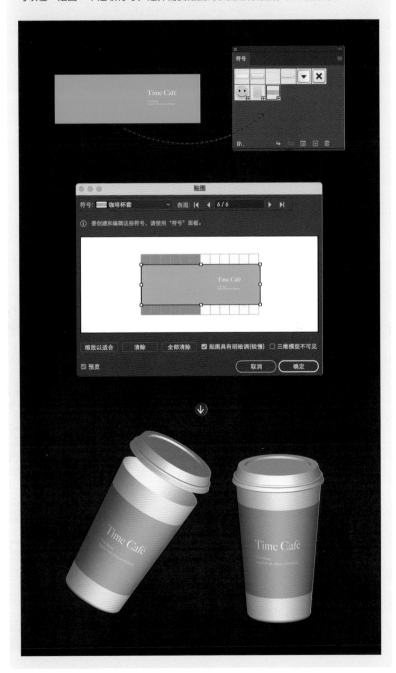

8.1.4
立体球
造型案例

本案例通过"3D绕转"命令来实现不同造型的立体球设计，操作如下。

Step 1

使用"椭圆工具（L）"绘制一个只描边的正圆形，使用"剪刀工具（C）"将圆形剪开一半，再使用"选择工具（V）"选中另一半并删除，形成半圆形状态。

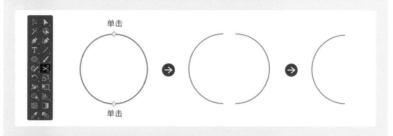

Step 2

选中半圆，执行"效果"→"3D"→"绕转"命令，打开"3D绕转选项"对话框，设置相关参数。继续单击"贴图"按钮，打开"贴图"对话框，选择提前已设定好的符号，为"表面1"进行贴图，勾选"三维模型不可见"，调整符号大小，单击"确定"按钮。

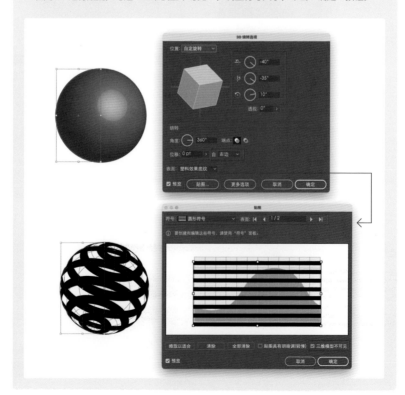

234

Step 3

将立体图形执行"对象"→"扩展外观"命令，然后再执行两次"取消编组"命令，选择"对象"→"取消编组"命令。

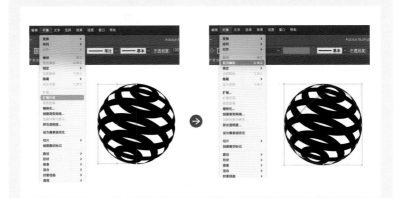

Step 4

最后使用"选择工具（V）"，将刚才取消编组的立体图形分为两个，如下图所示。

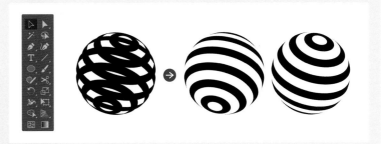

Tips

举一反三，通过上面的操作，只要更换图形符号，即可生成其他造型的立体球。

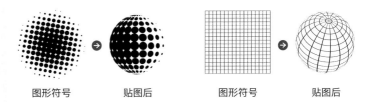

图形符号　　　　　贴图后　　　　　　　图形符号　　　　　贴图后

8.1.5
旋转

3D 效果的最后一个"旋转"命令，其作用是使对象产生透视效果，操作方式与前面的基本一致。通过"旋转"命令来设计字体造型，操作如下。

Step 1

使用"文字工具（T）"分别创建点状文字，字体为"MSmart HK Medium"。然后执行"效果"→"3D"→"旋转"命令，打开对话框，设置相关参数，点击"确定"。

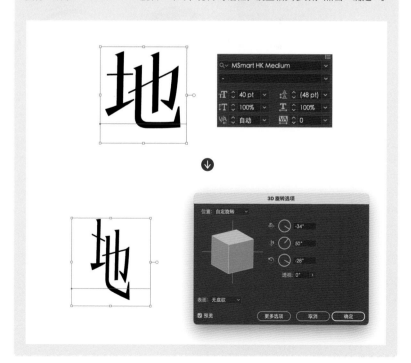

236

Step 2

其他文字与上一步的操作一致，只是对话框的参数不同。

Step 3

最后将它们排列组合，完成画面的图文编排布局。

8.2
扭曲和变换效果

Illustrator 中有些命令可以帮助我们快速完成某种特殊效果。比如"扭曲和变换"命令可以用于快速制作波纹、粗糙等效果。

名称	快捷键
变换	无
扭拧	无
扭转	无
收缩和膨胀	无
波纹效果	无
自由扭曲	无

8.2.1
变换

"变换"效果基本包含了所有的基本变换（缩放、移动、旋转、对称等）。它的特点就是变换后对象只是外观上有变化，实际上对象的路径依然保持不变（除非扩展外观）。

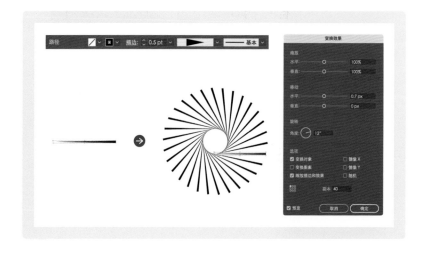

"变换效果"各选项含义

❶ 缩放: 设置对象在水平和垂直方向缩放的数值,默认状态是"100%",即保持原大小。

❷ 移动: 设置对象在水平和垂直方向移动的数值,默认状态是"0 px",即在原位置。

❸ 旋转角度: 设置对象旋转的角度,可以在文本框中输入相应数值,或者拖拽控制柄进行旋转。

❹ 镜像 X/ 镜像 Y: 勾选某一选项,对象将以 X 轴或 Y 轴为对称轴镜像。

随机: 将对调整的参数进行随机变换,而且每一个对象的随机数值都不相同。

副本: 输入相应的数值,对象将复制相应的份数。

执行"效果"→"扭曲和变换"→"变换"命令,打开"变换效果"对话框。

"变换"命令多数运用于制作重复的图形时,通过调整数值实现不同的视觉效果。在修改参数时,可以一边看画板,一边更改参数,能清楚看到图形的变化。

使用一个字母,制作由"点"变换成的重复图形效果

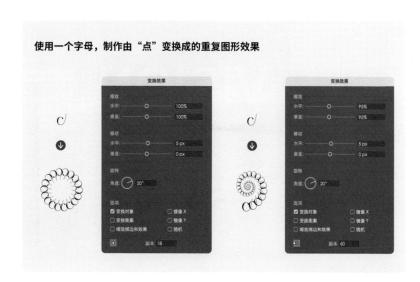

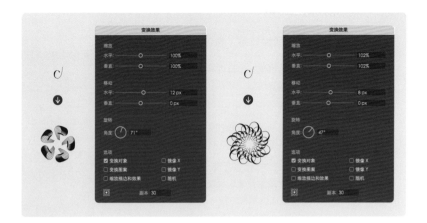

8.2.2
炫酷图形
案例

本案例主要结合"变换"命令完成多种炫酷图形的制作，协助读者理解及应用到实际设计中，有效提升设计效率。

制作动感模糊图形效果

Step 1

使用"文字工具（T）"创建文字，字体为"Arial Rounded MT Bold"，字号为170 pt，调整字间距。再执行"效果"→"模糊"→"径向模糊"命令，打开"径向模糊"对话框，设置数量为40；模糊方法为缩放；品质为好，单击"确定"。

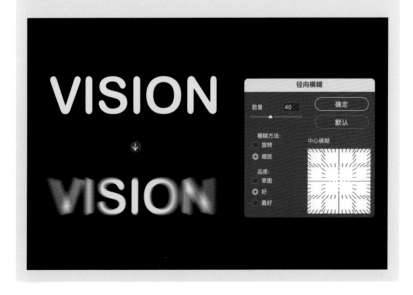

Step 2

再执行"效果"→"扭曲和变换"→"变换"命令,设置对话框参数,完成。

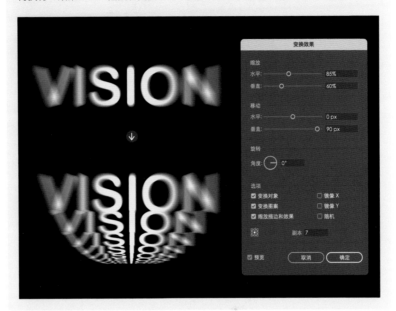

制作曲线图形效果

Step 1

从工具栏中选择"多边形工具",然后在面板中单击一下鼠标,打开"多边形"对话框,设置半径为 30 px,边数为 7,单击"确定",即可创建一个七边形。

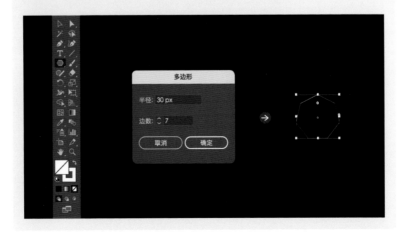

Step 2

设置图形描边粗细为 0.75 pt，并设置其边角为 8 px。打开"渐变"面板，设置描边颜色为蓝色渐变，渐变类型为径向。

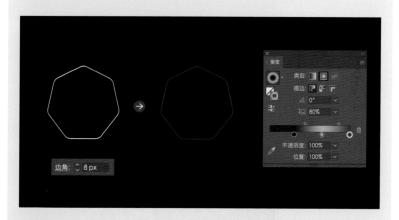

Step3

接着打开"外观"面板，单击面板下方"添加新效果" *fx.* 按钮，执行"扭曲和变换"→"变换"命令，打开"变换效果"对话框，设置相关参数。

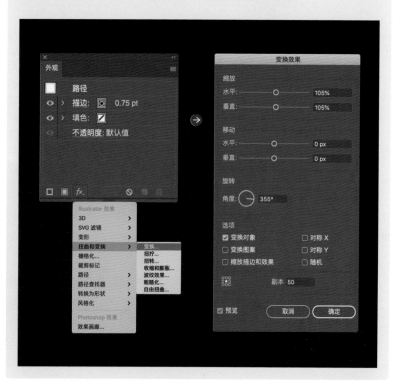

Step 4

另外，注意在"外观"面板中，要将"变换"移动到"描边"上方，这样才能使描边的渐变色发挥作用。

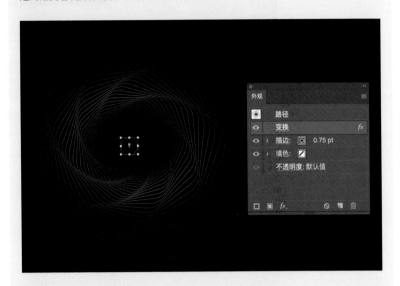

Step 5

最后完成版面元素的编排布局，英文字体为"Shree Devanagari 714"，中文字体为"仓耳渔阳体"，适当调整版面元素的位置和角度。

以此类推，制作其他炫酷图形，参数与操作如下。

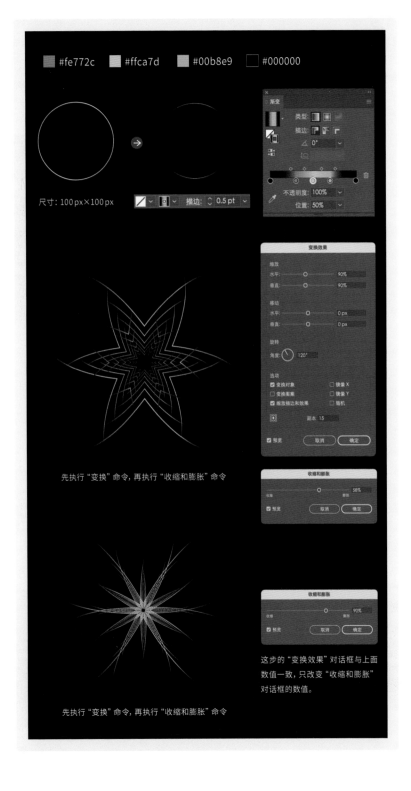

8.2.3
扭拧

"扭拧"命令能对图形对象进行随机地向内或向外扭曲，可以指定是否修改锚点、是否导入或导出控制点来改变扭拧效果。

"扭拧"各选项含义

❶ **水平 / 垂直**：设置对象在水平或垂直方向的扭拧幅度。

❷ **相对 / 绝对**：勾选"相对"，将定义调整的幅度为原尺寸的百分比。勾选"绝对"，将定义调整的幅度为具体的尺寸。

❸ **锚点**：将修改对象中的锚点。

❹ **"导入"控制点**：将修改对象中的置入控制点。

❺ **"导出"控制点**：将修改对象中的导出控制点。

使用"文字工具（T）"创建文字，字号为15 pt。执行"效果"→"扭曲和变换"→"扭拧"命令，打开"扭拧"对话框，设置相应的参数。

8.2.4
扭转

沿着图形对象的中心位置对图形进行顺时针或逆时针扭转，其扭转的角度范围是 -3600 ～ 3600°。

选中图形对象，执行"效果"→"扭曲和变换"→"扭转"命令，打开"扭转"对话框，设置相应的参数，如下图所示。

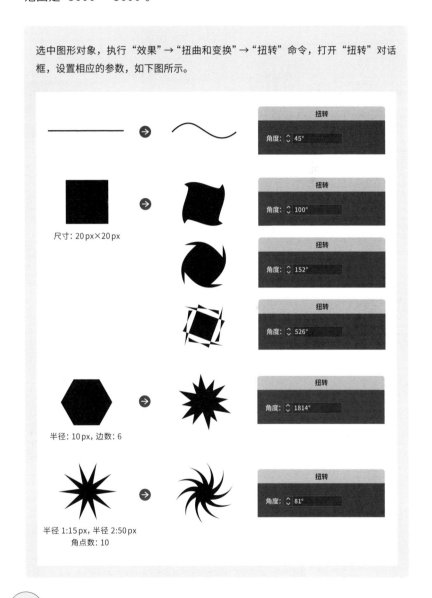

尺寸：20 px×20 px

半径：10 px，边数：6

半径 1:15 px，半径 2:50 px
角点数：10

Tips

如果输入的角度为正值，图形顺时针扭转，反之逆时针扭转。另外需要注意，大小、角度不同时，扭转程度也不同。

8.2.5
收缩和膨胀

"收缩和膨胀"命令能快速变换出特殊的图形，如星形、花朵图形、特殊字体等。执行"效果"→"扭曲和变换"→"收缩和膨胀"命令，打开"收缩和膨胀"对话框，并设置参数，如下图所示。

❶ 收缩： 使图形向内收缩。当数值为负值时，出现收缩效果。

❷ 膨胀： 使图形向外收缩。当数值为正值时，出现膨胀效果。

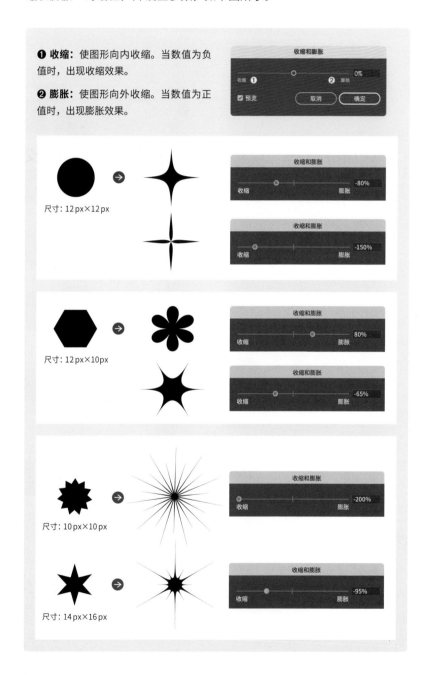

尺寸：12 px×12 px

尺寸：12 px×10 px

尺寸：10 px×10 px

尺寸：14 px×16 px

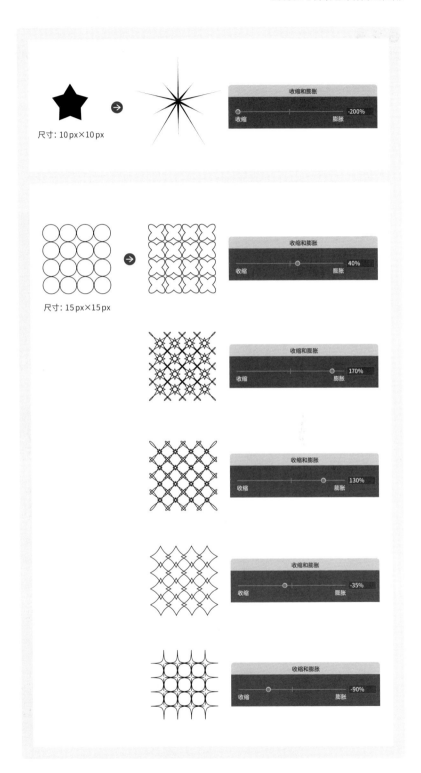

尺寸：10 px×10 px

尺寸：15 px×15 px

8.2.6
万圣节主题案例

本案例主要结合"旋转工具（R）""混合""收缩和膨胀"以及"变形效果"来完成万圣节主题元素的造型设计。

使用"文字工具（T）"创建文字。中文字体为"方正超粗黑繁体"，字号为10 pt；英文字体为"Compacta Black BT"，字号为 3.5 pt。并为其设置渐变色（黄红渐变）及描边，描边粗细为 0.15 pt，如下图所示。

对文字执行"效果"→"扭曲和变换"→"收缩和膨胀"命令，打开对话框，设置收缩为 -6% 和 -10%，注意字体的识别度。

252

Step 3

执行"效果"→"变形"→"凸出"命令，勾选为"水平"，设置弯曲数值为 -14%
和 -6%，其他选项为 0%。

Step 4

接着制作"蜘蛛网"。首先使用"多边形工具"绘制一个八边形，将其复制出一个。调
整它们的尺寸，形成一大一小的状态，并居中对齐。

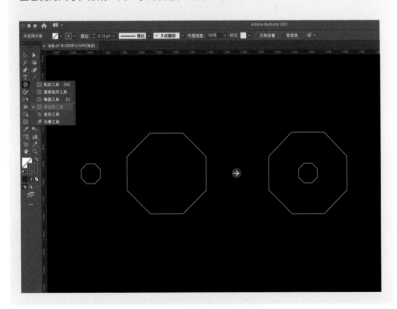

全选对象，并执行"对象"→"混合"→"建立"命令。

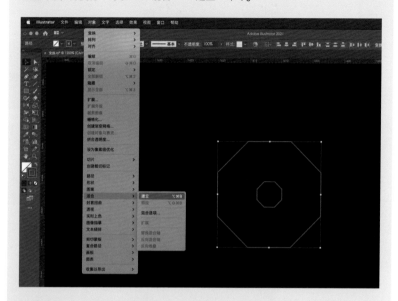

建立"混合"后，需要再次打开"混合选项"对话框来调整数值。双击工具栏中的
"混合工具（W）"，打开"混合选项"对话框。将原本"指定的步数：8"调整为
"指定的步数：2"。

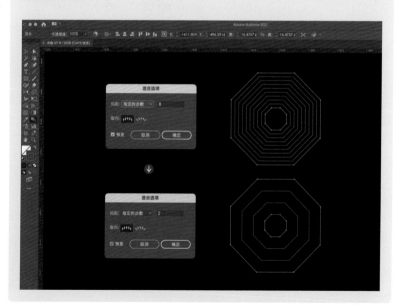

Step 7

再执行"效果"→"扭曲和变换"→"收缩和膨胀"命令，打开"收缩和膨胀"对话框，设置收缩数值为-30%。

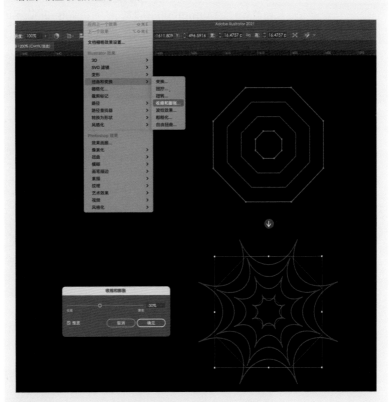

Step 8

接着使用"钢笔工具（P）"绘制蜘蛛网的发射线，如下图所示。

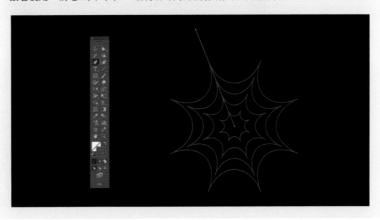

为了更快速而准确地绘制"蜘蛛线",这里会使用到"旋转工具"。在上一步骤中绘制一条"蜘蛛线"后,在工具栏中单击"旋转工具",此时"蜘蛛线"上会出现一个旋转的中心点,接着调整旋转中心点的位置,将其移到线的下方位置(下图红圈的位置)。

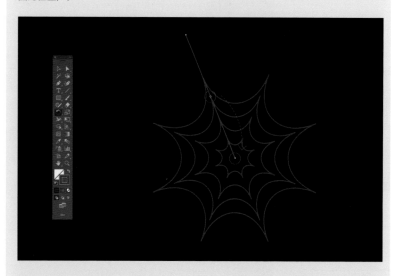

按住"Alt"键不放,当光标变为"-¦-"时,在线的下方(下图红圈的位置)单击一下鼠标,弹开"旋转"对话框。设置旋转角度为45°,单击"复制"。

Step 10

复制之后，再多次按"Ctrl+D"组合键，快速复制出多条同角度的线，如下图所示。

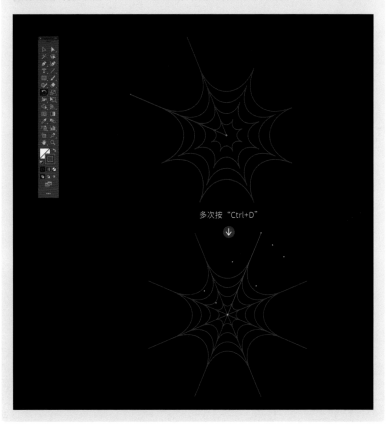

Step 11

最后完成画面元素的布局。

8.2.7
波纹效果

此命令能使图形按一定的规律形成具有规则的波纹效果。执行菜单栏中的"效果"→"扭曲和变换"→"波纹效果"命令，打开对话框并设置参数。

"波纹效果"各选项含义

❶ **大小**：指扭曲波纹效果的程度。值越大，扭曲波纹效果越强烈。

❷ **每段的隆起数**：指波纹隆起的数量。值越大，隆起的波纹越密集。

❸ **点**：改变波浪边角的"平滑"或"尖锐"效果。

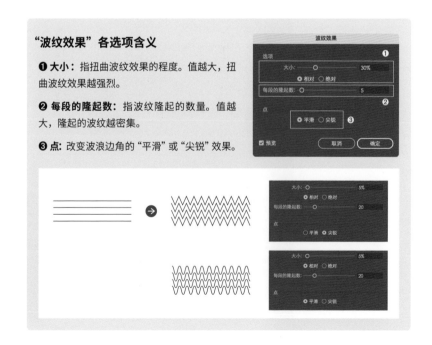

尺寸: 17 px×17 px

字号: 8 pt

尺寸: 20 px×20 px

8.2.8
粗糙化

"粗糙化"命令能变换出不规则、粗糙的锯齿状效果，一般用于制作特殊效果的文字。执行菜单栏中的"效果"→"扭曲和变换"→"粗糙化"命令，打开"粗糙化"对话框，并设置参数，具体如下。

输入文字，字体为"OPPOSans（Heavy）"，大小为 43 pt，执行"粗糙化"命令，打开对话框，参数如下。

输入文字，字体为"思源柔黑黑体（Heavy）"，大小为 100 pt，执行"粗糙化"命令，打开对话框，参数如下。

使用"椭圆工具（L）"绘制一个圆形，尺寸为 110 px×110 px，再执行"粗糙化"命令，打开对话框，参数如右图所示。

8.2.9
自由扭曲

"自由扭曲"命令类似于 Photoshop 中的变形，但是它的应用比较局限。执行菜单栏中的"效果"→"扭曲和变换"→"自由扭曲"命令，打开"自由扭曲"对话框后，使用鼠标拖拽对象的锚点，即可进行自由扭曲。

先对文字和矩形执行"群组（Ctrl+G）"命令，再执行"自由扭曲"命令，打开对话框后，单击鼠标拖拽锚点，调整到合适的角度，使对象形成透视效果。

8.3
风格化效果

给对象添加投影、圆角、羽化边缘、发光以及涂抹风格的外观。选择一个对象或组，执行对应的效果，设置参数以更改其特征。学会这些技巧，能有效提升设计效率，同时也能让作品更加吸睛。

名称	用途
内发光	在图形内部添加类似光晕发光的效果
圆角	将尖角转换为圆角
外发光	在图形外部添加类似光晕发光的效果
投影	增加立体效果
涂抹	转换为类似手绘的笔刷效果
羽化	使图形边缘变得模糊虚化

8.3.1 内发光

"内发光"指的是在选定的图形内部添加类似光晕发光的效果，与"外发光"刚好相反。选中对象或组，执行"效果"→"风格化"→"内发光"命令，打开"内发光"对话框，设置相关参数。

"内发光"各选项含义

❶ **模式：** 指发光的混合模式。

❷ **不透明度：** 指发光效果的不透明度百分比。

❸ **模糊：** 指要进行模糊处理的位置到选区中心或选区边缘的距离。

❹ **中心/边缘：** 勾选"中心"，应用从选区中心向外发散的发光效果；勾选"边缘"，应用从选区内部边缘向外发散的发光效果。

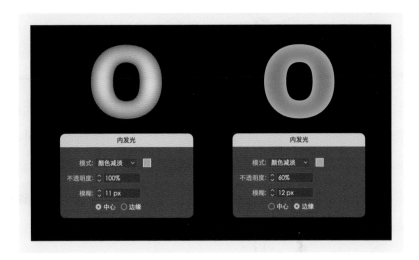

8.3.2 圆角

"圆角"命令可以将矢量对象的角控制点转换为平滑的曲线，也就是说，可以将尖角转换为圆角。选中对象或组，执行"效果"→"风格化"→"圆角"命令，打开"圆角"对话框，设置相关参数。

8.3.3 外发光

"外发光"指的是在选定的图形外部添加类似光晕发光的效果，与"内发光"参数设置几乎一致。选中对象或组，执行"效果"→"风格化"→"外发光"命令，打开"外发光"对话框，设置相关参数。

8.3.4
投影

"投影"命令能增强图形的立体效果。根据设计的需求，可调整投影的模式、
不透明度和位置等选项。

Step 1

使用"文字工具（T）"创建文本，字体为"Wide Latin"。并添加填色和描边，然
后调整文字角度方向。接着执行"效果"→"扭曲和变换"→"变换"命令。打开"变
换效果"对话框，根据需求设置参数。

Step 2

最后添加投影，执行"效果"→"风格化"→"投影"命令，打开"投影"对话框，根据效果设置参数，单击"确定"。此时该效果会显示在"外观"面板中。若要修改效果，双击其中的效果选项，再次打开对话框进行参数修改即可。

下面结合"投影"命令完成立体字的设计，操作步骤如下。

Step 1

新建文档，尺寸为 250 px×150 px，颜色模式为 RGB 颜色，光栅效果为高（300ppi）。输入文字，字体为"Aa 厚底黑"，字号为 45 pt。去掉原本文字颜色，打开"外观"面板添加新填色和新描边。新描边为 0.45 pt，新填色为渐变色。

渐变色为"#ffd899"和"#ffffff"

分别给描边和填色添加"投影"效果，设置如下图所示。

描边"投影"对话框模式为正常，不透明度为100%，X位移为0px，Y位移为0.5px，模糊为0px，颜色为"#e08603"。

填色"投影"对话框模式为正片叠底，不透明度为90%，X位移为0.5px，Y位移为1px，模糊为1.5px，颜色为"#c27100"。

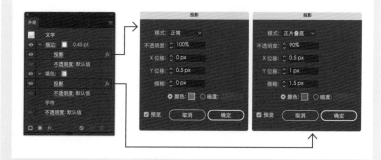

Step 3

继续"添加新填色"，填色为"#fbb03b"，添加"变换"和"投影"效果。

"变换效果"对话框水平移动为0.04px，垂直移动为0.04px，副本为90。

"投影"对话框模式为正片叠底，不透明度为80%，X位移为0.45px，Y位移为1px，模糊为1.5px，颜色为"#af3708"。

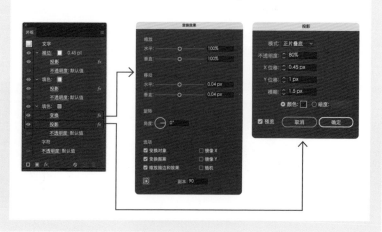

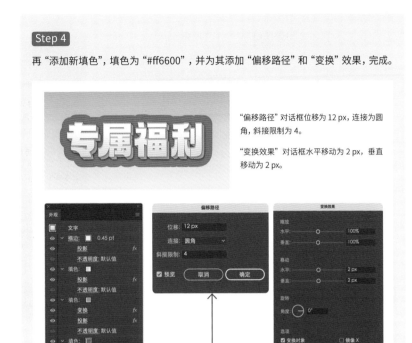

Step 4

再"添加新填色",填色为"#ff6600",并为其添加"偏移路径"和"变换"效果,完成。

"偏移路径"对话框位移为 12 px,连接为圆角,斜接限制为 4。

"变换效果"对话框水平移动为 2 px,垂直移动为 2 px。

8.3.5 涂抹

"涂抹"命令可将图形对象转换为类似手绘的笔刷效果。选中对象或组,执行"效果"→"风格化"→"涂抹"命令,通过设置"涂抹选项"对话框各选项的参数,可实现不同类型的涂抹效果。例如粉笔字、针织等效果。

"涂抹选项"各选项含义

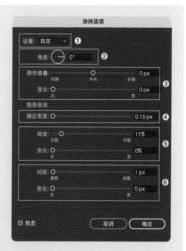

❶ 设置： 单击"下拉菜单" ⌄ 按钮，显示十种预设的涂抹效果。若要创建自定义涂抹效果，请调整下列任意"涂抹"选项。

❷ 角度： 用于控制涂抹线条的方向。可以单击"角度图标" ⊖ 中的任意点，围绕"角度图标"拖移角度线，或在框中输入数值。

❸ 路径重叠： 用于控制涂抹线条在路径边界内部距路径边界的量，或在路径边界外距路径边界的量。为负值时，将涂抹线条控制在路径边界内部；为正值时，则将涂抹线条延伸至路径边界外部。

变化（适用于路径重叠）： 用于控制涂抹线条彼此之间的相对长度差异。

❹ 描边宽度： 用于控制涂抹线条的粗细。

❺ 曲度： 用于控制涂抹曲线在改变方向之前的曲度。数值越大，涂抹曲线越平顺。

变化（适用于曲度）： 用于控制涂抹曲线彼此之间的相对曲度差异。

❻ 间距： 用于控制涂抹线条之间的疏密程度。

变化（适用于间距）： 用于控制涂抹线条之间的折叠间距差异。

"设置"选项包含以下预设的涂抹效果

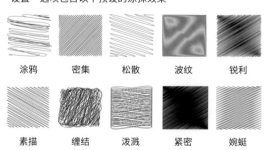

涂鸦　密集　松散　波纹　锐利

素描　缠结　泼溅　紧密　婉蜒

使用"文字工具（T）"创建文本，字体为"简宋"，字号为 36 pt。接着执行"效果"→"风格化"→"涂抹"命令。打开"涂抹选项"对话框，根据需求设置相关的参数。

制作"粉笔"效果文字

Step 1

使用"文字工具（T）"创建文本，字体为"喜鹊招牌体"，字号为 30 pt。然后打开"外观（Shift+F6）"面板，并单击两次面板左下方的"添加新填色"  按钮，分别将新填色设置为白色和深绿色，如下图所示。

接着选中"填色：白色"项，再单击面板下方的"添加新效果" fx 按钮，选择"风格化"→"涂抹"命令。打开"涂抹选项"对话框，设置参数，如下图所示。

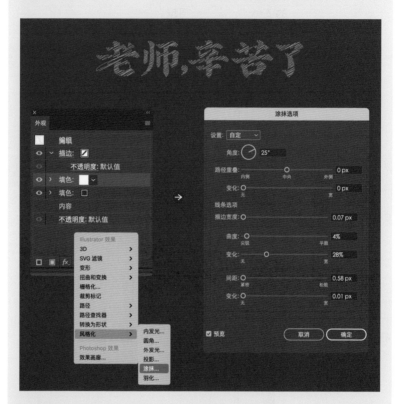

Step 3

为了让粉笔字效果更加逼真，选中面板中描边项，添加描边为白色，粗细为 0.15 pt。设置完成后，还可以随时更改文字的内容，也不会影响外观效果。

270

8.3.6
羽化

"羽化"命令效果能将图形对象的边缘做出虚化效果。选中对象或组，执行"效果"→"风格化"→"羽化"命令，打开"羽化"对话框。"半径"的值越大，虚化范围越大，反之越小。

使用"文字工具 (T)"创建文本，字体为"Blackoak- Std"。并执行"效果"→"风格化"→"羽化"命令，打开对话框，设置相关数值。

Tips

可以同时应用于矢量和位图对象的效果：3D 效果、SVG 滤镜、变形效果、变换效果、投影、羽化、内发光以及外发光。

CASE
STUDY

Lesson 9
案例综合实战

本课充分活用 Illustrator 的功能 ，来完成各种常用和流行设计风格案例的制作，共 15 个案例示范，并附上操作视频。一眼秒懂的教学，跟着做，零基础也能打造视觉焦点。

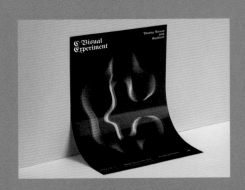

A Circular
Design
Exhibition

2021
设计循环展

22
JUNE 6月22日

7月8日 **08**
JULY

✕ |執行|創意設計中心 |策展|YS LAB |設計|MY STUDIO   臺灣設計館松山文創園區
松峪口 05展區 ✕

案例 01
文字混合渐变效果

扫码看视频

海报中的图形设计使用 Illustrator 中的"混合"命令来实现,"混合"命令能快速完成立体渐变的造型设计。

名称	用途
混合	完成立体渐变的造型设计

STEP 01

按"Ctrl+N"键打开"新建文档"对话框,画板尺寸为"300 px ×430 px",颜色模式为 RGB 颜色,光栅效果为高(300 ppi)。然后使用"钢笔工具(P)"绘制图形,并填充颜色"#0000FF" 和 "#00FFFF",如下图所示。

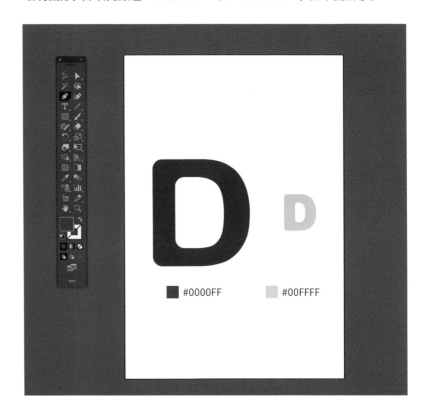

全选图形，执行"对象"→"混合"→"建立（Alt+Ctrl+B）"命令。

单击鼠标右键，在弹出的下拉菜单中选择"隔离选定的组"。

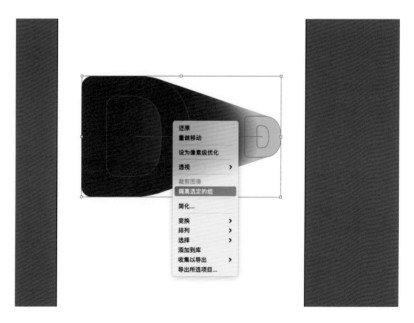

进入"隔离模式"，双击选中小图形，将其向上移动，效果如下。

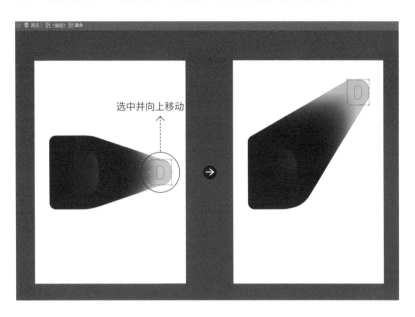

STEP 04 将图形复制并粘贴一个，并把粘贴图形尺寸缩小。再单击鼠标右键，在弹出的下拉菜单中选择"变换"→"镜像"。

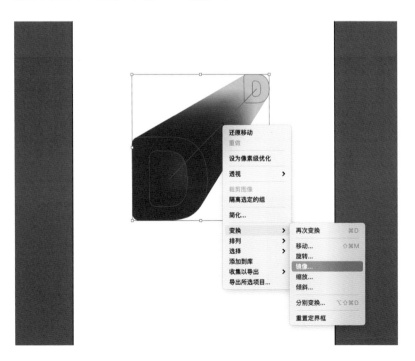

打开"镜像"对话框，勾选"垂直"，单击"确定"。

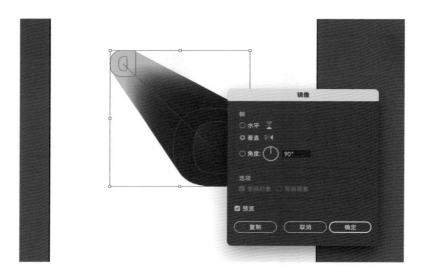

STEP 05 使用"直线段工具（\）"绘制一条直线，并填充描边。描边粗细为 0.15 pt，描边配置文件为"宽度配置文件 1"。再将线条执行"效果"→"扭曲和变换"→"变换"命令，打开"变换效果"对话框，并按下图设置数值，单击"确定"，完成。

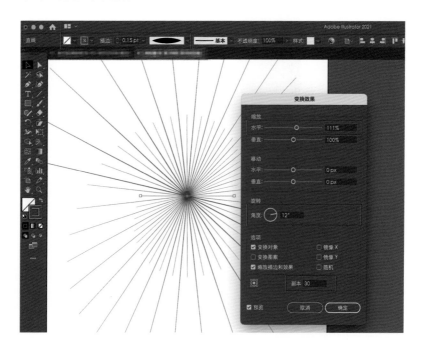

STEP 06 最后给海报添加文字信息，完成整体的编排布局。

使用字体:

- 源ノ角ゴシック VF
- Helvetica Neue LT Pro-35 Thin
- Helvetica Neue LT Pro-65 Medium

06-21

3:00
[PM]

2021

SHOW LIST

Violin
GAO CAN
Housle

Conductor
JING HUAN
Dirigent

Cello
JIAN WANG
Violoncello

We look forward to seeing you again

www.musicianparty.com

GASK ESSEL

FREE for all choir
choristers
conductors
or singing enthusiasts

FETE DE LA MUSIQUE

案例 02
图形混合重叠效果

扫码看视频

海报中的图形设计使用 Illustrator 中的"混合"命令来实现。通过"混合"命令能完成图形重叠的视觉造型设计，给画面创造出更丰富的设计空间。

名称	用途
混合	完成图形重叠的视觉造型设计

STEP 01

由于混合的图形是通过两个不一样的图形混合而成的，所以先绘制出两个图形，分别是乐器图形和圆形，并对图形进行填色和描边处理。

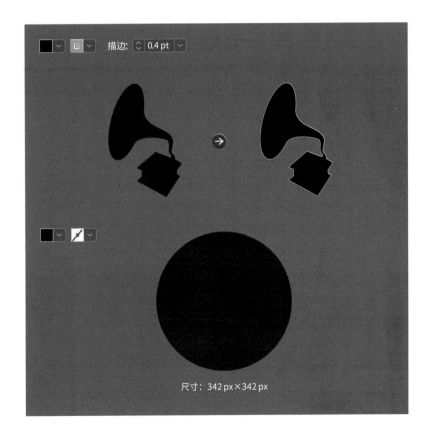

STEP 02 选中两个图形，并居中对齐。再执行"对象"→"混合"→"建立（Alt+Ctrl+B）"命令。

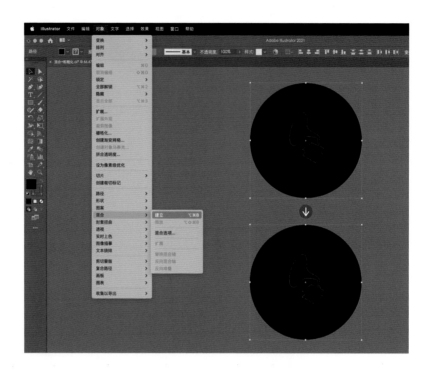

STEP 03 建立"混合"之后，需要调整"混合选项"的参数。选中对象，双击"混合工具（W）"，或执行"对象"→"混合"→"混合选项"命令打开"混合选项"对话框。设置间距为指定的步数，数值为35。

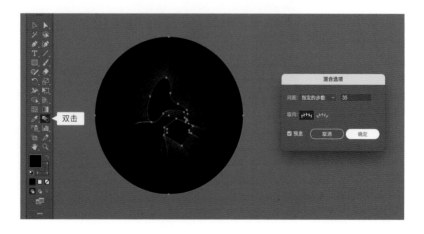

STEP 04

完成"混合"之后，接下来绘制图形上的两个光环。先使用"椭圆工具（L）"绘制两个圆形，尺寸为 290 px×290 px 和 225 px×225 px。然后打开"渐变"面板，分别为两个圆填充渐变色，渐变类型为径向渐变。

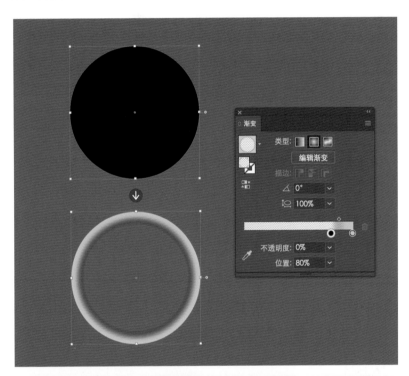

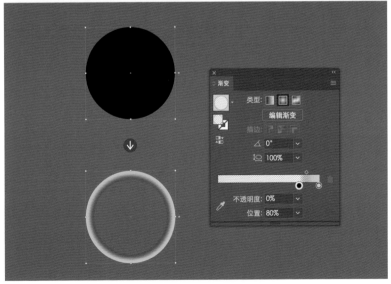

将两个光环和混合图形居中对齐。然后分别选中光环，打开"外观"面板，单击"填色：渐变"项的"不透明度"，打开"透明度"面板，设置大的光环混合模式为颜色减淡，不透明度为 100%。

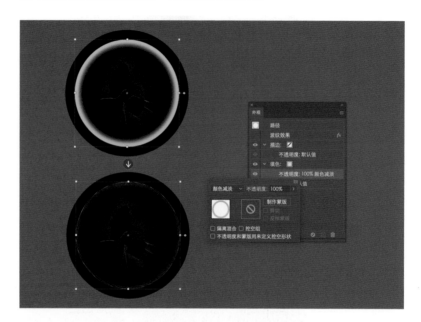

设置小的光环混合模式为颜色减淡，不透明度为 70%。

STEP 06

最后完成图文编排布局。由于文字信息较少，所以通过放大图形作为主体，来解决画面空洞的问题。另外文字的处理需注意控制大小对比，这样才能突出画面的视觉差异化。

使用字体:

• Engravers MT
• Palatino Linotype

TYPOGRAPHY
2021.10.23

从字型知识
辨认方法
到中日欧文排版诀窍
以及字型设计师的从业心得分享
带你重新盘整
与Typography有关的一切

Fromfont knowledge
Identification method
Owen's typesetting tips to
China and Japan
And the experience of font designers
Take you to reorganize
Everything about typography

(讲座咨询)

798 East Road.
798 Art District,Beijing

地址：北京市朝阳区789
艺术区788东街1号

讲座嘉宾
王晓晓 WANG XIAOXIAO / 张舒展 ZHANGSHUZHAN / 刘江峰 LIUJIANGFENG

案例 03
立体造型设计

扫码看视频

海报中的图形设计使用 Illustrator 中的"3D 效果"来实现。而主标题则使用"变换效果"及"倾斜工具"完成。

名称	用途
变换效果	设计字体
3D 效果	制作主体元素
倾斜工具	调整标题字体角度,形成倾斜视觉效果

STEP 01 使用"文字工具(T)"创建文本,字体为"文悦后现代体(非商业使用)W2-75",字号为 103 pt,适当拉宽字体。再执行"效果"→"扭曲和变换"→"变换"命令,打开"变换效果"对话框,设置相关的参数,如下图所示。

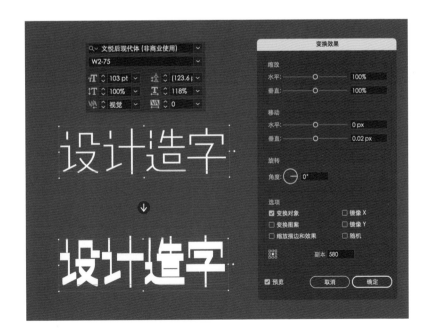

为了避免变换后的文字出现锯齿，或笔画不连贯情况，需要使用"钢笔工具（P）"将文字按照轮廓描绘出来，确保字体的完整度。

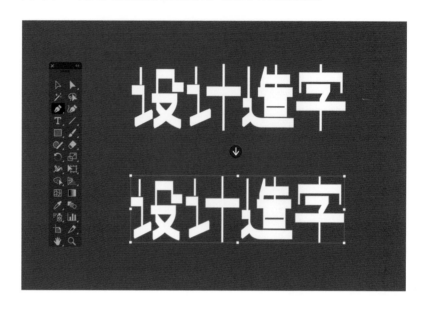

选中文字，双击工具栏中的"倾斜工具"，打开"倾斜"对话框，设置角度为 22°，勾选"轴：水平"，点击"确定"按钮。

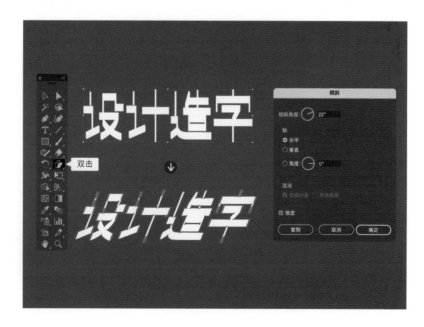

STEP 04

英文和数字字体为"Felix Titling （Regular）"，字号为 28 pt，适当拉宽文字。再执行"变换"命令，对话框中的参数如下。

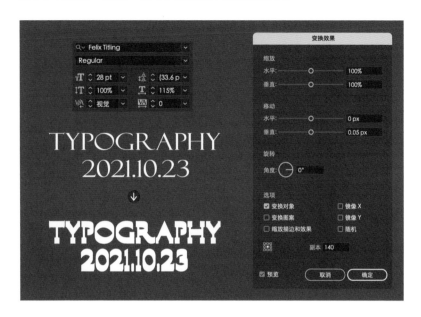

STEP 05

图形"T"是由上一步英文"Typography"的首字母变换出来的，使用"钢笔工具（P）"将它描绘出来，把它放大到尺寸为284 px×380 px。然后执行"效果"→"3D"→"凸出和斜角"命令,打开"3D凸出和斜角选项"对话框，设置相关参数。

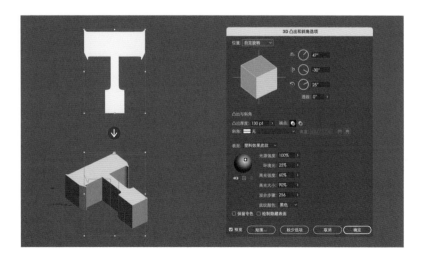

STEP 06 ▶ 选中 3D 图形，执行"对象"→"扩展外观"命令，然后右键单击鼠标，选择"取消编组"，需要执行两次"取消编组"才能完成拆分。

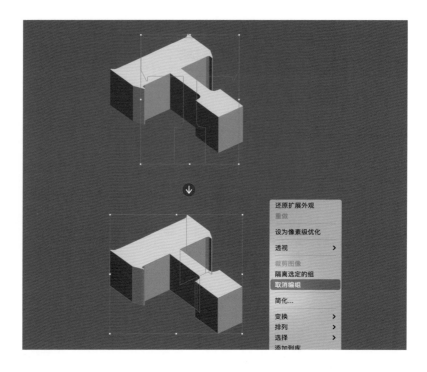

STEP 07 ▶ 使用"吸管工具（I）"吸取提前准备好的颜色，对拆分出的部分进行填色和描边，如下图所示。

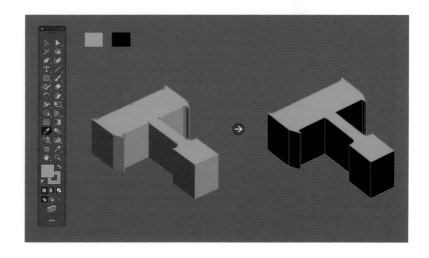

STEP 08

将图形放大，放置在画面中央，其他文字分别编排在画面的四周，形成四周围绕中心的构图。

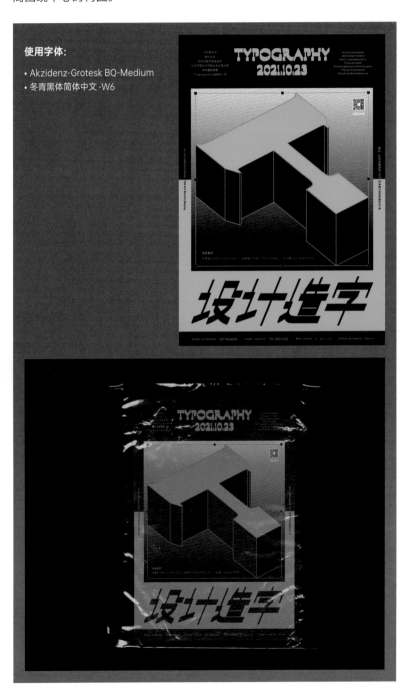

使用字体：

• Akzidenz-Grotesk BQ-Medium
• 冬青黑体简体中文 -W6

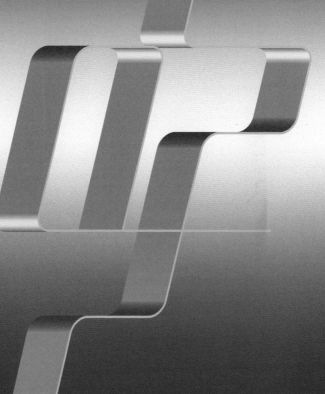

DESIGN SOFTWARE
ADOBE ILLUSTRATOR 2021

DESIGNER
© MILIYAN CHOW

2022

案例 04
立体金属字设计

扫码看视频

海报中的图形设计使用 Illustrator 中的"3D 效果"来实现。通过调整 3D
参数能快速制作出具有立体金属质感的图形。

名称	用途
3D 效果	制作出具有立体金属质感的图形

STEP 01

按"Ctrl+N"键打开"新建文档"对话框，画板尺寸为770 px ×1080 px，
颜色模式为RGB颜色，光栅效果为高（300 ppi），如下图所示。

在左侧工具栏中单击"矩形工具（M）"，绘制一个与文档尺寸一致的矩形作为背景，并为其添加渐变色。

打开"渐变（Ctrl+F9）"面板，选择渐变类型为线性渐变，渐变角度为90°，颜色从蓝色渐变为橙红色，如下图所示。

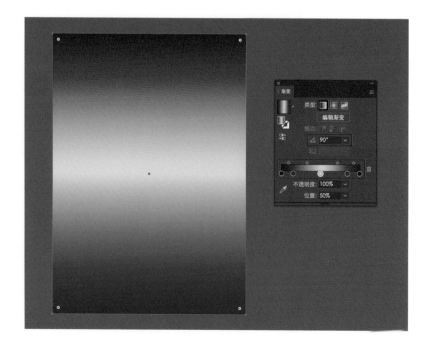

STEP 03 为了让渐变看起来更加鲜艳，执行菜单栏中的"编辑"→"编辑颜色"→"调整饱和度"命令。

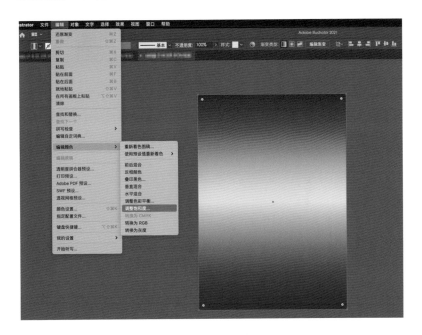

打开"饱和度"对话框，设置强度为10%。饱和度可根据视觉效果而定，此数值仅供参考。

STEP 04 ▶ 在工具栏中单击"钢笔工具（P）"，绘制"2022"字样的图形路径，设置描边颜色为"#afb8b9"，描边粗细为 4 pt。

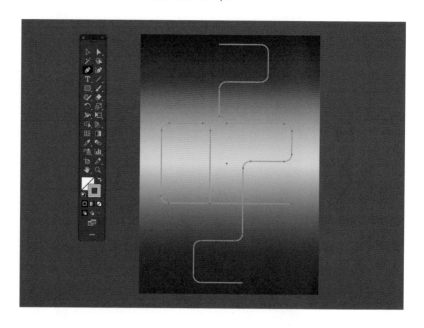

STEP 05 ▶ 双击工具栏的"倾斜工具"，打开"倾斜"对话框，设置倾斜角度为 18°，轴为水平，单击"确定"。

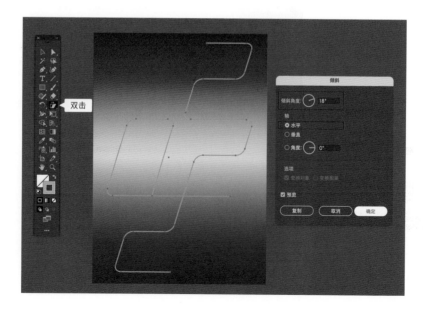

STEP 06 接着是立体效果的制作步骤，执行"效果"→"3D"→"凸出和斜角"命令。

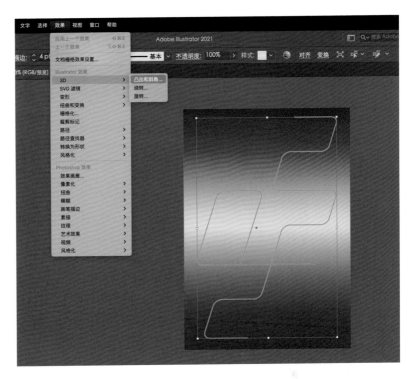

打开"3D 凸出和斜角选项"对话框，设置相关的参数，如下图所示。

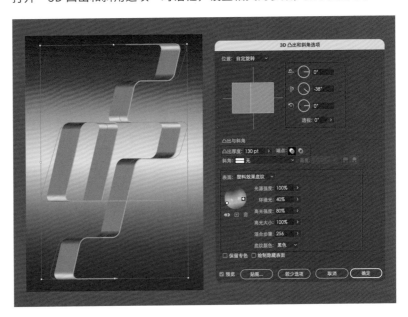

最后完成其他信息的编排，添加个人品牌信息。为了让背景更有质感，可以添加颗粒效果。选中渐变背景层，执行"效果"→"纹理"→"颗粒"命令。

打开"颗粒"对话框，设置强度为 15，对比度为 60，颗粒类型为常规，单击"确定"。具体颗粒效果可根据视觉需求而定，此数值仅供参考。

STEP 08 最后可以通过 Photoshop 软件来进行整体的调色和样机模板的展示。

PLUSH 2021-12
MONSTER

案例 05
超逼真毛绒造型设计

扫码看视频

毛绒效果主要使用 Illustrator 中的"混合""粗糙化""收缩和膨胀"命令来实现。

名称	用途
混合	建立混合后,通过替换轴混合完成轮廓造型
粗糙化	实现毛绒效果
收缩和膨胀	让毛绒效果更加细致逼真

STEP 01 按"Ctrl+N"键打开"新建文档"对话框,画板尺寸为 440 px×600 px,颜色模式为 RGB 颜色,光栅效果为中 (150 ppi)。接着使用"星形工具"分别绘制两个星形,如下图所示。

STEP 02 ▶ 为两个星形填充渐变色，渐变色的设置如下图所示。

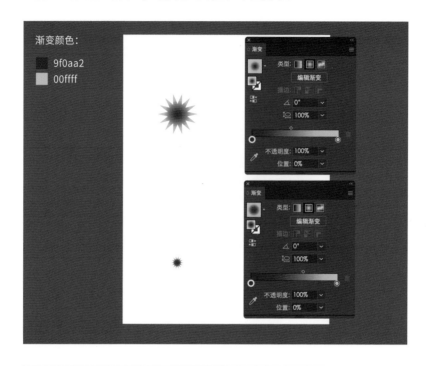

STEP 03 ▶ 选中两个星形，执行"混合(Alt+Ctrl+B)"命令，再双击"混合工具"，打开"混合选项"对话框，设置间距为指定的距离，数值为1 px。

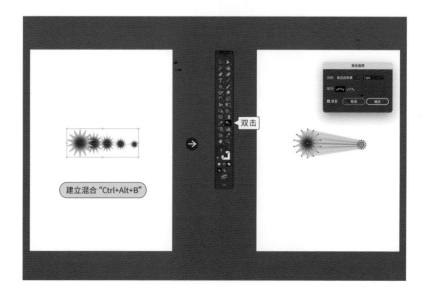

STEP 04 使用"钢笔工具（P）"绘制替换轴的路径。再选中替换轴路径和混合对象，执行"对象"→"混合"→"替换混合轴"命令。

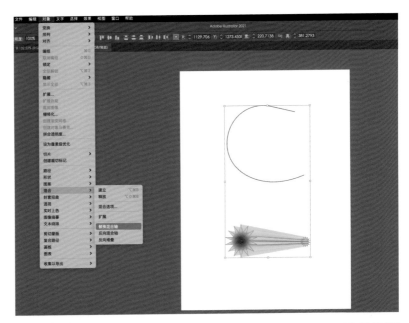

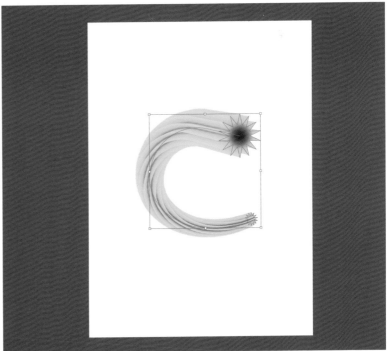

STEP 05 制作毛绒效果，执行"效果"→"扭曲和变换"→"粗糙化"，设置粗糙化大小为 28%；细节为 68/英寸，如下图所示。

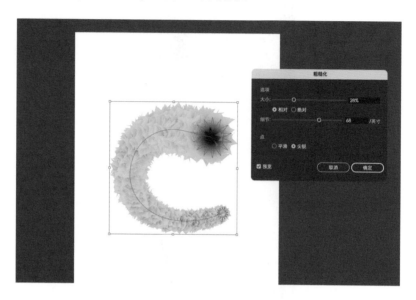

为了让毛绒效果更加细致逼真，继续执行"效果"→"扭曲和变换"→"收缩和膨胀"，设置收缩为 -56%，效果如下。

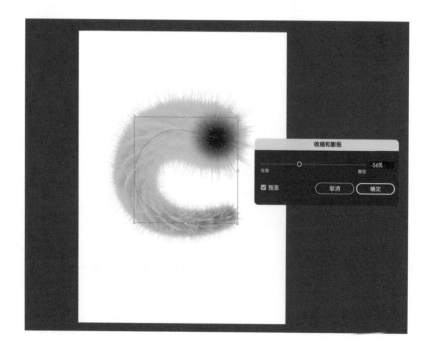

STEP 06 ▶ 最后绘制眼睛图形、阴影以及渐变色背景，完成整体的编排。

使用字体：

• skandinavia Regular
• Akzidenz-Grotesk BQ Light Exten

光影

幻術

透過那個時代
嚴謹而純粹的攝影
回顧我們共同走過的歷史

上海‧影像共享空間　X‧SPACE

Bernd Becher
Peter
Willy Ronis

2021
05.12-06.15

Light
Illusion

案例 06
虚幻叠字视觉设计

扫码看视频

海报中的视觉效果主要使用 Illustrator 中的"比例缩放工具""混合"和"透明度"命令来实现。

名称	用途
比例缩放工具	得到两个比例的图形
混合	复制多个图形,形成重叠效果
透明度	调整图形透明度,使其具有虚幻视觉感

STEP 01

使用"文字工具(T)"分别创建"光"和"影"两个字,字体为"ヒラギノ明朝 Pro (W6)",字号为 184.5 pt。颜色为白色,并对文字执行"对象"→"扩展"命令。

选中"光"字，右键单击鼠标，执行"变换"→"缩放"命令，或双击工具栏中"比例缩放工具"。

打开"比例缩放"对话框，设置不等比水平为1%，垂直为100%，单击"复制"按钮，得到两个比例缩放的图形。

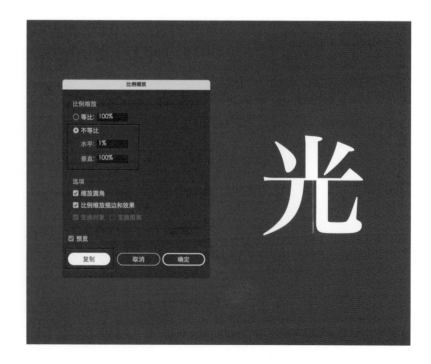

STEP 04

得到比例缩放的两个图形之后，全选图形，执行"对象"→"混合"→"建立（Alt+Ctrl+B）"命令。

STEP 05

再双击工具栏中的"混合工具（W）"，打开"混合选项"对话框，设置间距为指定的步数，数值为30。

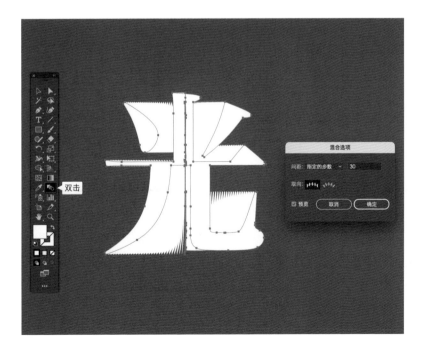

对混合后的图形执行"对象"→"扩展"命令。再对扩展后的图形执行两次"取消群组"命令。右键单击鼠标，选择"取消群组"。

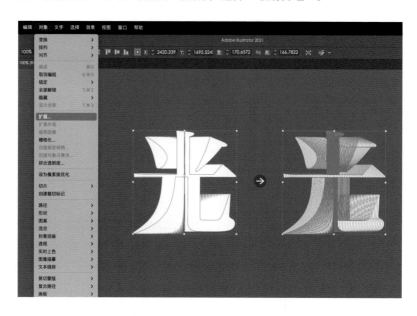

全选取消群组后的图形，执行"窗口"→"透明度（Shift+Ctrl+F10）"命令，打开"透明度"面板，设置不透明度为 10%，效果如下。

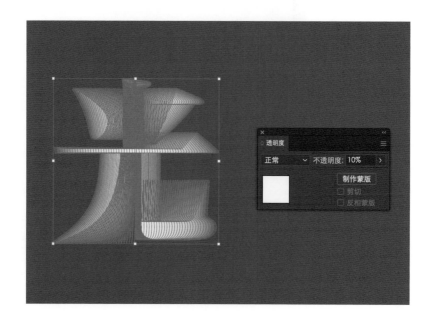

312

STEP 08 另一个"影"字的制作也用同样的方法。最后进行文字的编排布局，选择一个合适的肌理，增加画面质感。

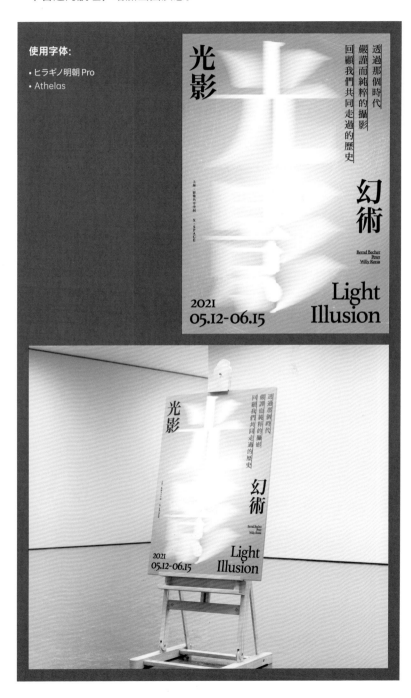

A·Visual Experiment

Playing Around with Gradients

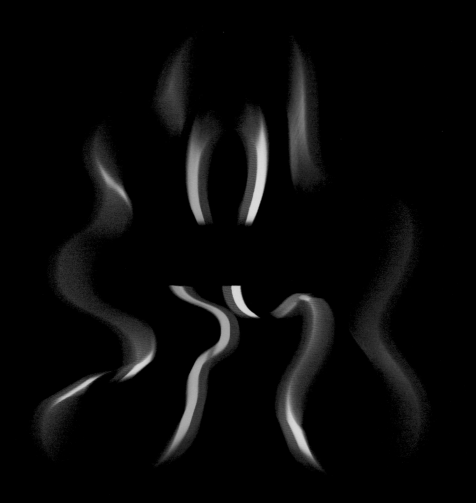

2022-02-18 | **Adobe Illustrator 2021** | **Blending Modes**

© Miuyanchow Design   Visual experiment made with Adobe Illustrator.

案例 07
迷幻炫彩字体设计

扫码看视频

海报中的图形设计使用 Illustrator 中的"投影"和"径向模糊"命令来实现，它们能快速制作出迷幻炫彩风格的造型。

名称	用途
投影	填充图形边缘,制造炫彩效果
径向模糊	制造迷幻效果

STEP 01

按"Ctrl+N"键打开"新建文档"对话框，画板尺寸为 350 px ×470 px，颜色模式为 RGB 颜色，光栅效果为高（300 ppi），如下图所示。

在工具栏中单击"文字工具（T）"创建文本，输入英文字母"A"，字体为"Lyno Jean"，字号为 350 pt。

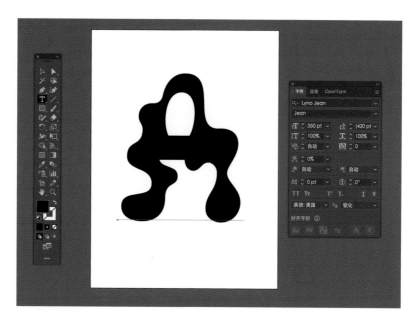

选中文字，打开"外观（Shift+F6）"面板，并单击"外观"面板左下方"添加新效果" fx 按钮，在弹出的下拉菜单中单击"风格化"→"投影"。

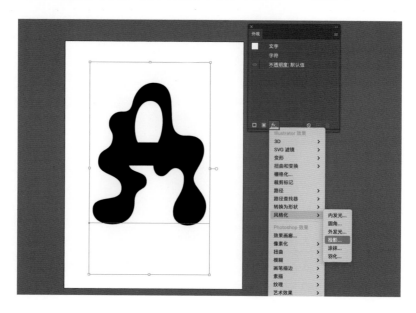

打开"投影"对话框，设置模式为正常，不透明度为100%，X位移为6px，Y位移为0px，模糊为0px，颜色为"11ED45"。

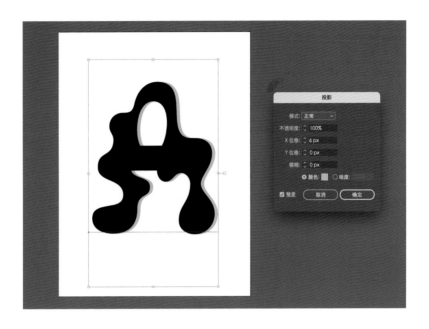

继续在"外观"面板中单击"添加新效果"→"风格化"→"投影"，打开"投影"对话框，设置模式为正常，不透明度为100%，X位移为6px，Y位移为0px，模糊为0px，颜色为"0033FF"。

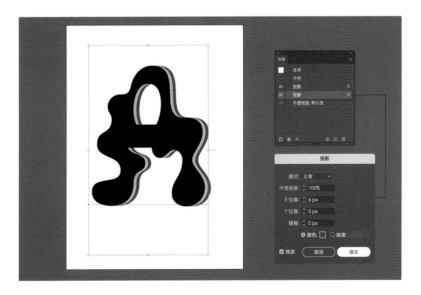

在"外观"面板中单击"添加新效果"→"风格化"→"投影",打开"投影"
对话框窗口,设置模式为正常,不透明度为 100%,X 位移为 -6 px,Y 位
移为 0 px,模糊为 0 px,颜色为"FFFF00"。

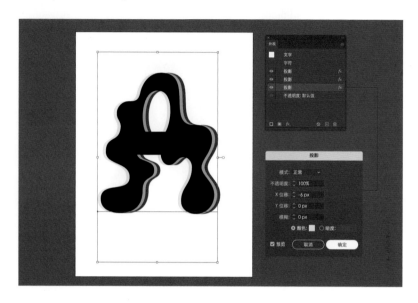

在"外观"面板中单击"添加新效果"→"风格化"→"投影",打开"投影"
对话框,设置模式为正常,不透明度为 100%,X 位移为 -6 px,Y 位移为
0 px,模糊为 0 px,颜色为"ED11ED"。

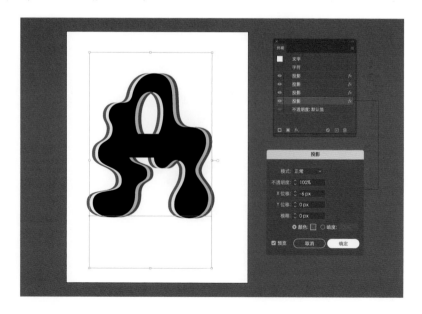

STEP 05 完成"投影"效果制作后,在"外观"面板中单击"添加新效果"→"模糊"→"径向模糊"。

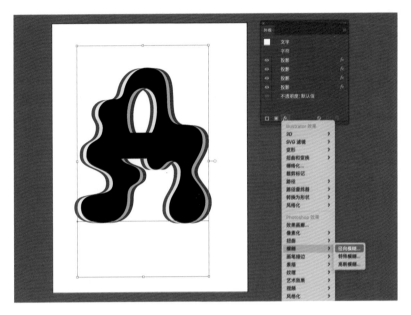

打开"径向模糊"对话框,设置数量为 60,模糊方法为缩放,品质为最好,单击"确定"。

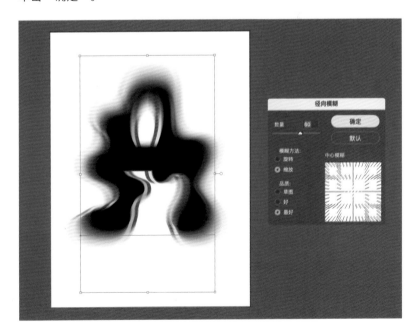

使用"矩形工具（M）"绘制黑色矩形作为背景。为了让"A"图形颜色看起来更迷幻炫彩，将图形原位复制并粘贴一个。选中图形，先按"Ctrl+C"键复制，再按"Ctrl+F"键原地粘贴图形。如下图所示。

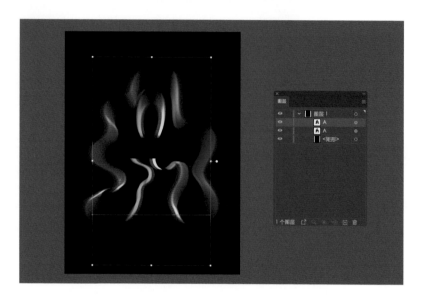

选中最上面一层的"A"图形，在"外观"面板中单击"不透明度"，弹出"透明度"面板，单击"混合模式"→"叠加"，完成。

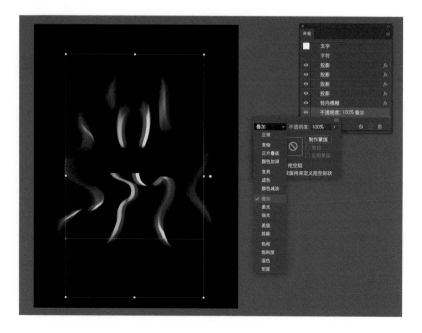

320

STEP 07 最后给海报添加文字信息，完成整体的编排布局。

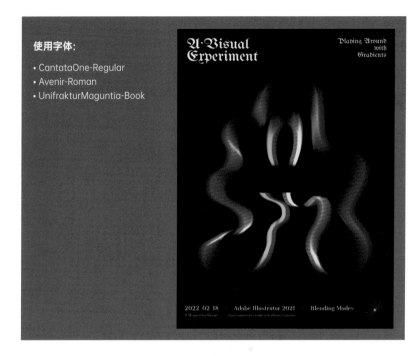

使用字体：

• CantataOne-Regular
• Avenir-Roman
• UnifrakturMaguntia-Book

另外，字母 A 还可以直接更改为其他文字内容，不会影响其外观效果。这样更方便后期的修改。

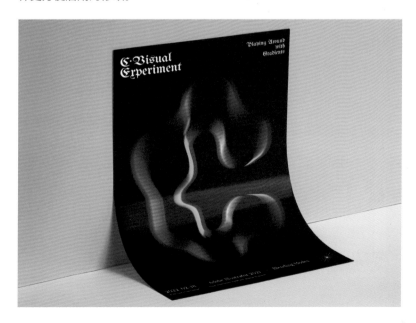

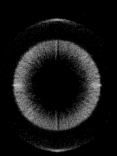

Jazz
<u>Impromptu</u>
<u>Festival</u>

2022
03-28

As a constantly changing and innovative music genre, jazz follows the rhythm of the times and provides free growth space for various new ideas.

From swing jazz to bebop, then to free jazz and pioneer jazz, it widely absorbs elements from world music, pioneer music, Neue music, electronic music and classical music for experiments.

Experimental musicians who pursue the free spirit of jazz will bring wonderful performances during the music festival.

SOUND VISUAL NIGHT

FREE ADMISSION
ADD: CREATIVE PLAZA, 798 ART DISTRICT, NO. 2 JIUXIANQIAO ROAD, CHAOYANG DISTRICT, BEIJING
PLANNER / PRODUCER: MARCOS M SCHNEIDER / MMS
MUSICIAN: C.A.R.· PERICOPES+1· HANS LÜDEMANN· RICHARD PINHAS

案例 08
线性堆叠视觉图形设计

扫码看视频

海报中的图形使用 Illustrator 中的"混合""粗糙化"和"液化变形工具",
绘制出具有线性堆叠效果的图形。

名称	用途
混合	复制多条线条
粗糙化	使线条变换出不规则粗糙的锯齿状效果
扇贝工具、旋转扭曲工具、晶格化工具	形成堆叠视觉造型

STEP 01 按"Ctrl+N"键打开"新建文档"对话框,画板尺寸为 350 px ×470 px,
颜色模式为 RGB 颜色,光栅效果为高(300 ppi)。然后使用"椭圆工具(L)"
绘制一个圆形,尺寸为 215 px×215 px,描边为白色,描边粗细为 0.25 pt。

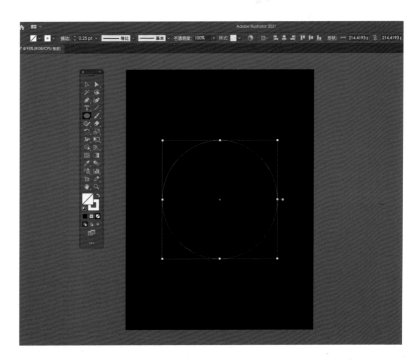

使用"剪刀工具（C）"分别在圆的上、下锚点处单击鼠标，即可将圆切割成为两半。

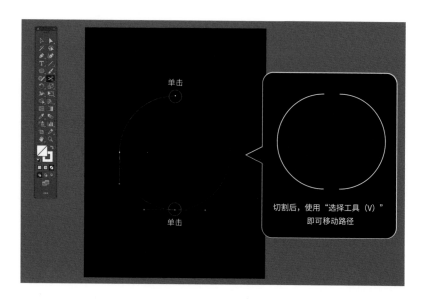

删掉一边半圆，选中剩下的半圆，单击"镜像工具（O）"，按住"Alt"键，当光标显示为"-¦…"时，单击要设置轴点的位置（圆的中心）。

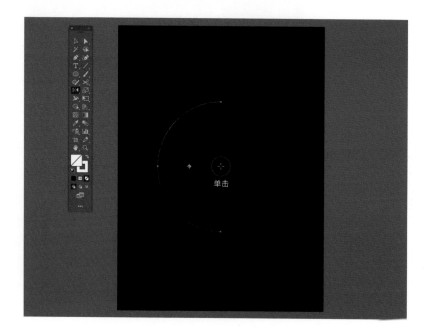

单击后会弹出"镜像"对话框，勾选"轴：垂直"，并单击"复制"按钮。

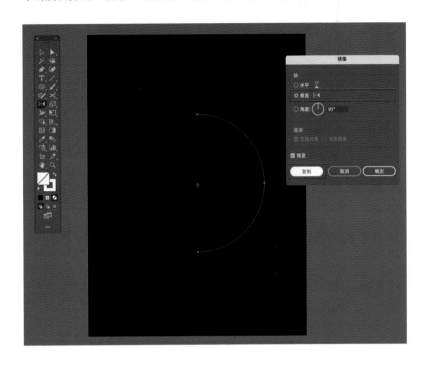

即可复制一个镜像的半圆，如下图所示。

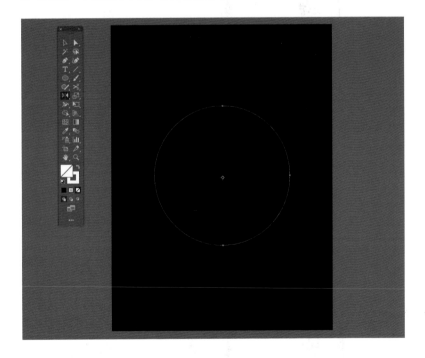

STEP 04 ▶ 选中两个半圆，并执行菜单栏中"对象"→"混合"→"建立（Alt+Ctrl+B）"命令。

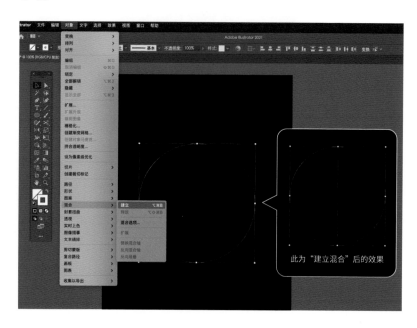

此为"建立混合"后的效果

STEP 05 ▶ 双击"混合工具（W）"，打开"混合选项"对话框，设置间距为指定的距离，数值为1px，单击确定。

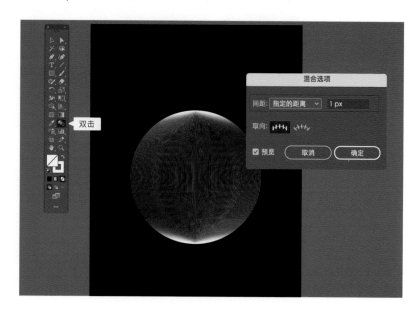

双击

并对其执行"扩展"命令，如下图所示。

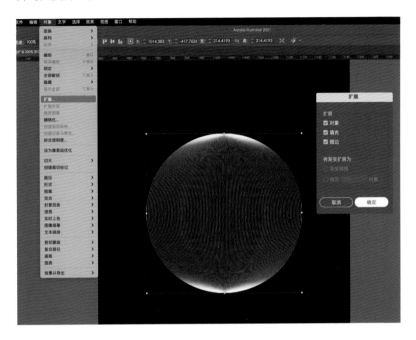

STEP 06 > 扩展后将图形"取消编组"，并将图形的描边粗细更改为 0.02 px。再执行"效果"→"变换"→"粗糙化"命令，打开"粗糙化"对话框，设置大小为 1%，细节为 100/ 英寸。

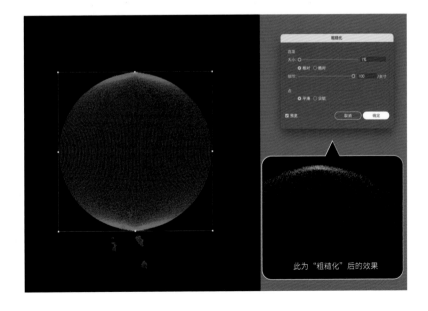

此为"粗糙化"后的效果

STEP 07 完成粗糙化效果制作后，双击"扇贝工具"，打开"扇贝工具选项"对话框，设置对应的选项参数，可参考下图。

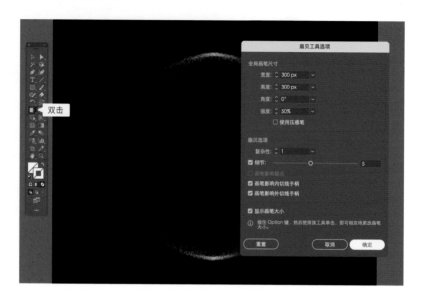

将光标移到圆形中心，光标"–¦–"符号对准图形中心，并单击鼠标不放开，直到形成扇贝形状效果。

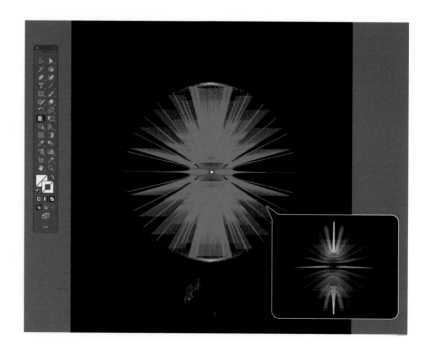

STEP 08

剩下的两组图形制作步骤与前面一致，只是"旋转扭曲工具"和"晶格化工具"对话框选项的参数不同，如下图所示。

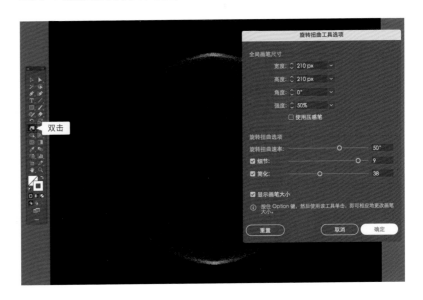

将光标移到圆形中心，光标"－┼－"符号对准图形中心，并单击鼠标不放开，直到形成旋转扭曲形状效果。

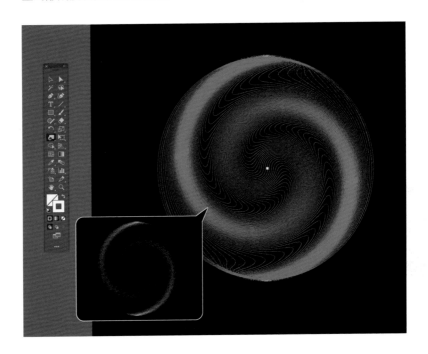

双击"晶格化工具",打开"晶格化工具选项"对话框,设置对应的选项
参数,可参考下图。

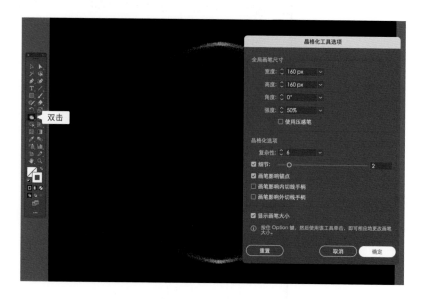

将光标移到圆形中心,光标"-¦-"符号对准图形中心,并单击鼠标不放开,
直到形成向外凸出的晶格化效果。

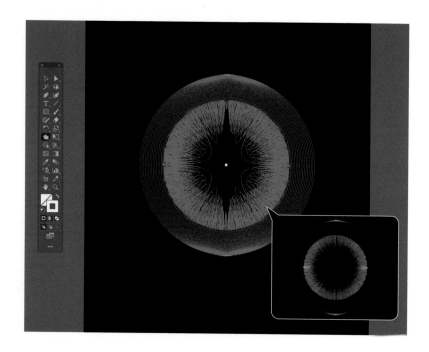

STEP 10 最后给海报添加文字信息，完成整体的编排布局。

使用字体:

- Nexa Bold
- Muli-Regular
- Muli-Bold
- Muli-Black
- Objectivity-Medium

42TH

ANNIVERSARY
DESIGN
FESTIVAL
2022

42TH
ANNIVERSARY
DESIGN
FESTIVAL

2022
03.12-04.20

CURATORIAL TEAM
3MM STUDIO

案例 09
科技感线条设计

扫码看视频

海报中的图形设计使用 Illustrator 中的"混合"命令来实现。通过调整混合参数能快速制作出具有科技感的曲线造型。

名称	用途
混合	制作曲线造型

STEP 01

按 "Ctrl+N" 键打开 "新建文档" 对话框，画板尺寸为 320 px×450 px，颜色模式为 RGB 颜色，光栅效果为高（300 ppi），如下图所示。

使用"文字工具（T）"创建文本，字体为"苹方 - 简 Ultralight"，字号为 360 pt。并将文字排列布局，全选文字执行"创建轮廓（Shift+Ctrl+O）"命令。

接着给文字填充渐变色，背景填充为黑色。选中文字，打开"渐变"面板，选择"线性渐变类型"，更改渐变滑块的颜色。在工具栏中单击"渐变工具"，在图形中拖拉方向来更改渐变角度。

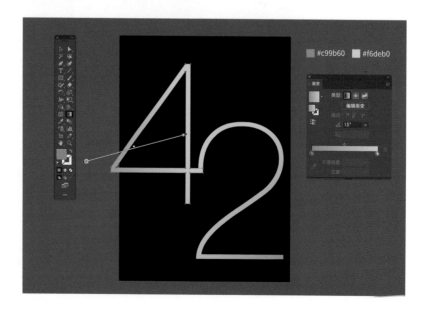

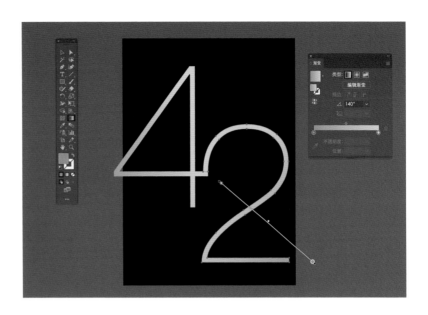

STEP 04 使用"钢笔工具（P）"分别画出两组曲线，并设置描边粗细为 0.1 pt 和 0.3 pt，
描边颜色为"#c99b60"和"#f6deb0"。如下图所示。

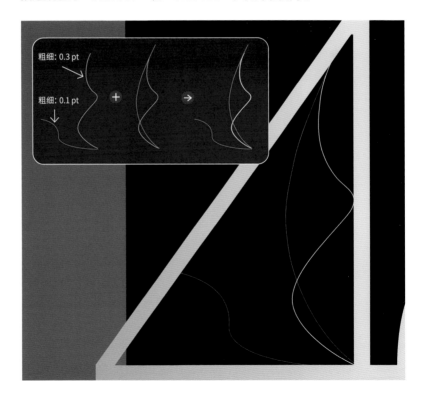

选中其中一组曲线，先执行"建立混合（Ctrl+Alt+B）"命令。再双击"混合工具（W）"，打开"混合选项"对话框，设置间距为指定的步数，数值为 25。

混合另一组曲线的操作步骤如前所述，建立"混合"命令后，双击"混合工具（W）"，打开"混合选项"对话框，设置间距为指定的步数，数值为 15。

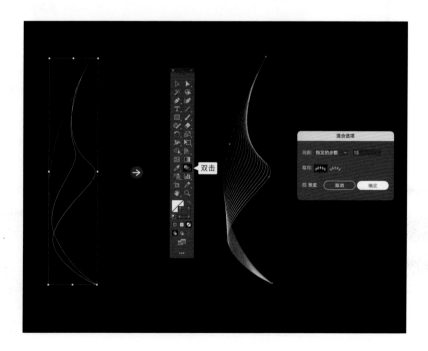

STEP 06 ▶ 将两组已建立混合的曲线，组合起来，并放置到图形"4"中，如下图所示。

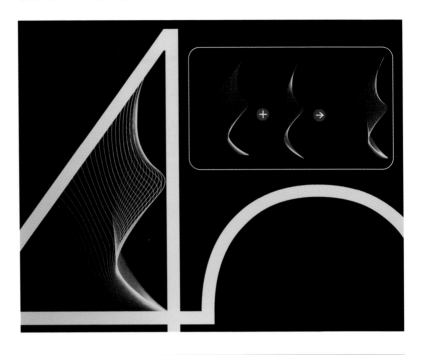

STEP 07 ▶ 其他曲线的混合操作如上所述，这里不再重复，参数设置如下。

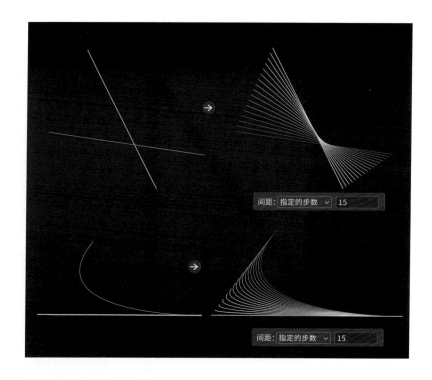

间距：指定的步数 ∨ 15

间距：指定的步数 ∨ 15

STEP 08 将线条移到相应的位置。

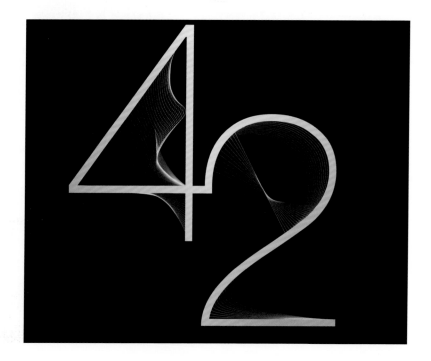

STEP 09 最后给海报添加文字信息，完成整体的编排布局。

使用字体：

• Inter-Medium
• Copperplate Gothic BT-Roman

A Circular Design Exhibition

Feb.22 六 ⟶ Jun.15 一

展览地点: 四川美术学院美术馆 5 号厅   Hall 5, Sichuan Academy of Fine Arts Art Museum   05 号厅

案例 10
翻页重叠视觉设计

扫码看视频

海报中的图形设计使用 Illustrator 中的"比例缩放工具"来实现。通过比例缩放工具能快速制作出具有透视效果的视觉造型。

名称	用途
比例缩放工具	形成多个比例的图形

STEP 01

使用"文字工具（T）"创建文本，字体为"Century Gothic Bold"，将文字旋转 90°。然后对文字执行"对象"→"扩展"命令，并填充渐变色。

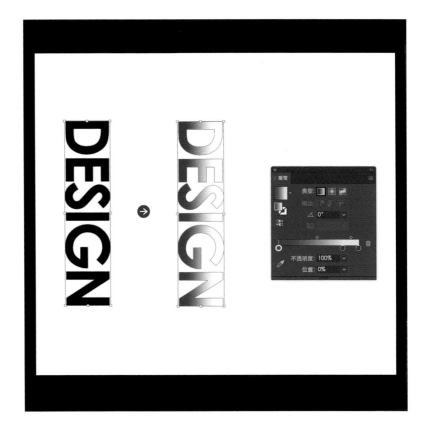

选中文字，然后在工具栏中选择"比例缩放工具（S）"。此时看到中心点位置在文字中心，需要将中心点移动到文字右侧。将光标 -¦- 移动到文字的右侧位置，然后单击鼠标，即可移动中心点的位置。

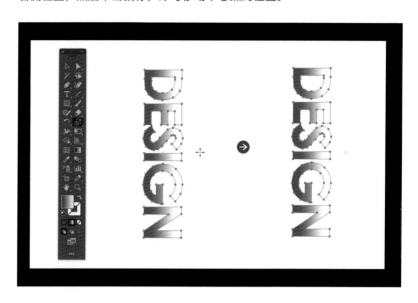

完成中心点的位置后，光标变为 ▶，将光标移到文字上，并按"Alt+Shift"键不放，单击鼠标向右拖拽，即可复制一个等比例的缩放对象。然后按"Ctrl+D"键，得到多个等距缩放的对象。

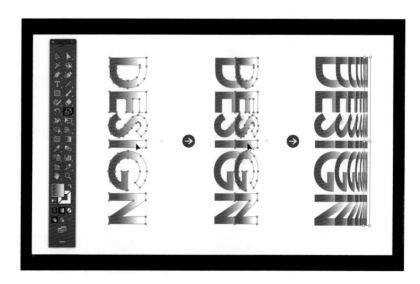

STEP 04

全选对象并编组，双击"镜像工具"，打开"镜像"对话框，选择"垂直"，单击"复制"，即可得到一个对称的图形。最后给海报添加文字信息，完成整体的编排布局。

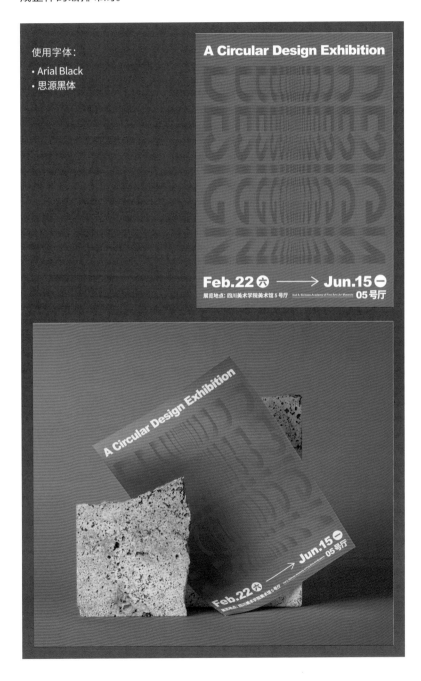

2022   CONTEMPORARY ART   02.25

案例 11
旋转重叠视觉设计

扫码看视频

海报中的图形设计使用 Illustrator 中的"分别变换"命令来实现，再通过"再次变换"命令快速复制出多个旋转重叠的图形。

名称	用途
分别变换	对图形进行缩放、旋转
再次变换	重复执行与前一次相同的变换

STEP 01

按"Ctrl+N"快捷键打开"新建文档"对话框，画板尺寸为 430 px×580 px，颜色模式为 RGB 颜色，光栅效果为高（300 ppi），如下图所示。

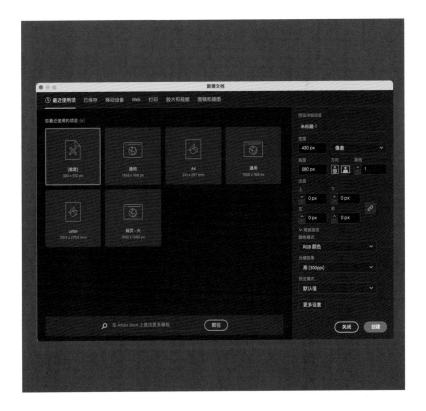

STEP 02 使用"文字工具（T）"创建文本，将文字两端对齐，并对文字执行"创建轮廓（Shift+Ctrl+O）"命令。

STEP 03 再使用"矩形工具（M）"绘制一个与文字区域尺寸一致的白色矩形，并将矩形置于底层。最后全选文字和白色矩形，执行"编组（Ctrl+G）"命令，如下图所示。

STEP 04 将文字和矩形向右旋转，放大并放置于面板中。

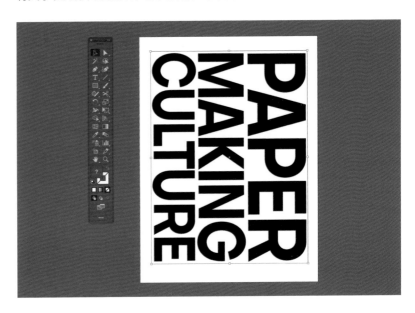

STEP 05 随后执行"对象"→"分别变换（Shift+Ctrl+Alt+D）"命令，打开"分别变换"对话框。

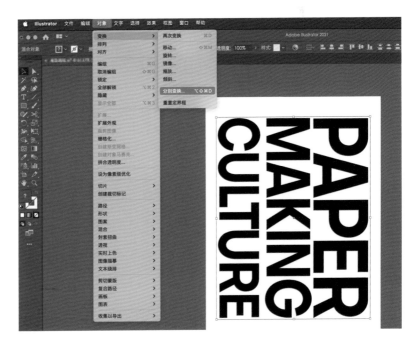

设置水平缩放为 80%，垂直缩放为 80%；旋转角度为 -8°，单击"复制"按钮，如下图所示。

STEP 06 完成"分别变换"对话框的设置后，接着多次按"Ctrl+D"快捷键，就能快速复制出多个同角度旋转的图形，如下图所示。

STEP 07 最后给海报添加文字信息，完成整体的编排布局。

使用字体:

• Objectivity-Bold

03.45

DESIGN SOFTWARE
ADOBE ILLUSTRATOR 2021

DESIGNER
© MEUYAN CHOW

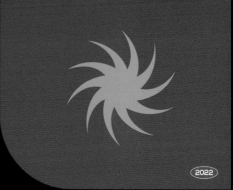

2022

Mikro Miusic

Media Art Festival
I hope all people who love rock music will live a positive healthy and brave life

Music

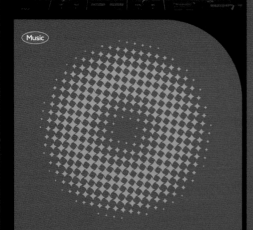

BLAST

MEDIA ART FESTIVAL   BAND: LIFE FOR DRINKING   2022

案例 12
切割重叠视觉设计

扫码看视频

海报中的重叠图形使用 Illustrator 中的"混合"和"彩色半调"命令来实现。通过控制混合轴上的锚点手柄来形成切割的效果。

名称	用途
混合	快速完成多个重叠图形
彩色半调	形成网点的视觉效果

STEP 01

按"Ctrl+N"快捷键打开"新建文档"对话框，画板尺寸为 450 px×600 px，颜色模式为 RGB 颜色，光栅效果为高（300 ppi）。接着使用"文字工具（L）"创建文本，字体为"Morganite-SemiBold"，字号为 182 pt。再使用"矩形工具（M）"绘制一个矩形，填充橙色。将文字和矩形居中对齐，并全选执行"群组（Ctrl+G）"命令。

将群组后的图形进行复制粘贴，位置排列好。全选对象，执行"对象"→"混合"→"建立 (Ctrl+Alt+B)"命令。

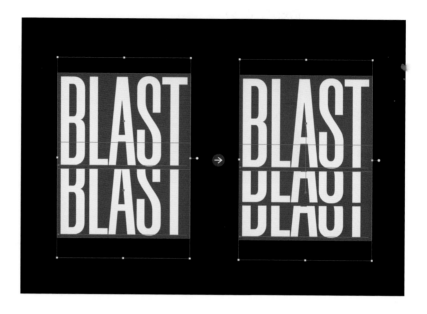

双击"混合工具 (W)"，打开"混合选项"对话框，设置间距为指定的步数，数值为 4。

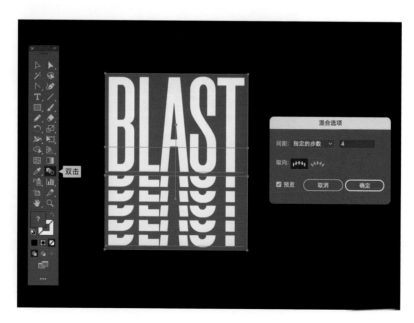

STEP 04 ▶ 接着选择"锚点工具（Shift+C）"，将光标移到混合轴上面的锚点处，按着鼠标不放，并向下拖动锚点，此时会看到锚点的手柄，直到显示下图所示的效果，即可释放鼠标。

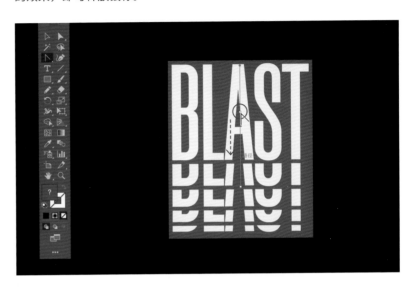

STEP 05 ▶ 右键单击鼠标，选择"变换"→"镜像"命令，打开"镜像"对话框，勾选轴为水平，单击"复制"按钮。

即可看到被复制的镜像图形，最后对两个图形进行位置排列，形成下图中的效果。

STEP 07 使用"椭圆工具（L）"绘制一个圆形，尺寸为 185 px×185 px。然后填充渐变色，渐变类型为径向渐变，效果如下所示。

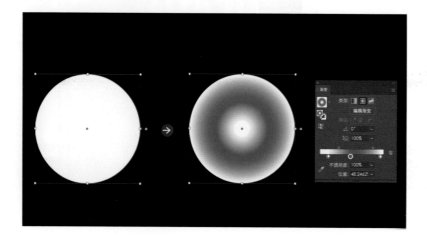

STEP 08 ▶ 选中图形，执行"效果"→"像素化"→"彩色半调"命令，打开"彩色半调"对话框，设置最大半径为 25，其他数值为 100，单击"确定"按钮。

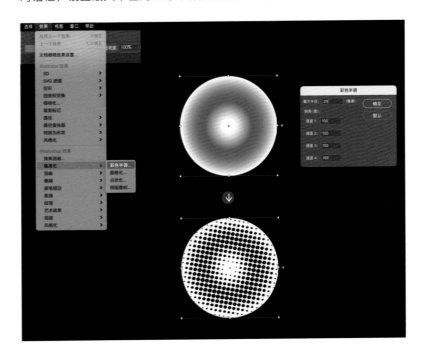

STEP 09 ▶ 继续执行"对象"→"栅格化"命令，打开"栅格化"对话框，按照下图设置选项，单击"确定"按钮。

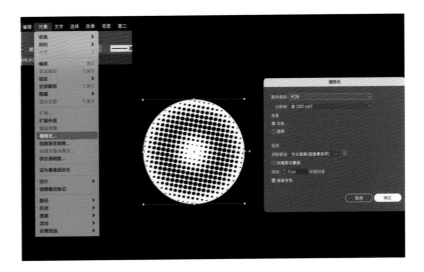

STEP 10 再对栅格化的图形执行"图像描摹"命令,选中图形,单击控制栏"图像描摹"的"下拉菜单" ☑ 按钮,选择"素描图稿"选项。

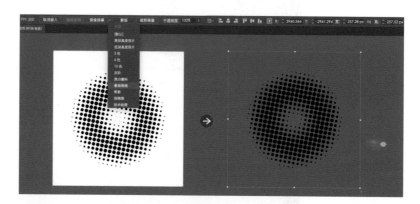

接着将"描摹"后的图像扩展,单击控制栏的"扩展"按钮。

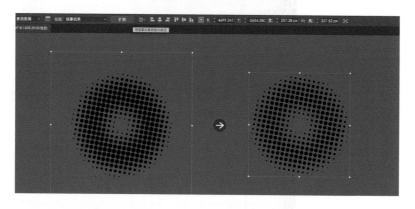

STEP 11 选中扩展后的图形,执行"效果"→"扭曲和变换"→"收缩和膨胀"命令,打开对话框,设置数值为 -40%。然后将图形填充为橙色。

STEP 12 最后给海报添加文字信息，完成整体的编排布局。

使用字体:

• Akzidenz-Grotesk BQ
Extended-Bold
• Akzidenz-Grotesk BQ
Extended-Medium
• Nexa Bold-Regular
Caslon Italian-Roman

Spatial Composition
Exchange Exhibition

構成藝術

扩散与延伸
结构图像
重写平面

Spread
and Extend
Structural Iconicity
Rewrite graphic design

二维和三维
多维的空间形式
自然纯粹形态
观念形态

2D and 3D
Multidimensional
Spatial form
Natural Pure
Conceptual form

Free admission
免费入场

Closed on Monday
周一闭馆

Academic Advisor: LiShiChang WangShouMei WuJiang
学术顾问：李士昌　王寿梅　吴江

Academic Director: LiuYiLan HanYouXu
学术主持：刘伊蓝　韩游旭

北京市東城區北新橋頭條
2021.7.31[六] — 2021.8.29[日]

自由之間美术馆
FREE SPACE ART MUSEUM

案例 13
重复构成艺术图形设计

扫码看视频

海报中的图形设计使用 Illustrator 中的"混合"和"差集"命令来实现，它们可以快速制作重复构成艺术图形效果。

名称	用途
混合	快速复制多个图形
差集	只保留图形的非重叠部分，重叠部分被挖空

STEP 01 ▶ 按"Ctrl+N"键打开"新建文档"对话框，画板尺寸为 370 px×500 px，颜色模式为 RGB 颜色，光栅效果为高（300 ppi）。接着使用"椭圆工具（L）"分别绘制两个圆形，并填充为白色，如下图所示。

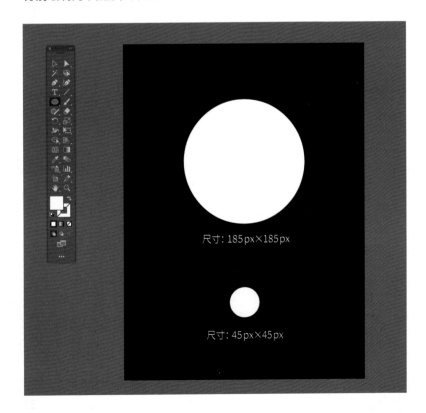

STEP 02 选中大的圆形，执行"效果"→"扭曲和变换"→"收缩和膨胀"命令，设置参数收缩为 -45%。

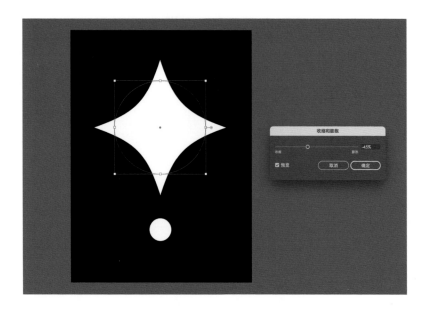

STEP 03 接着全选图形，执行"对象"→"混合"→"建立（Ctrl+Alt+B）"命令，如下图所示。

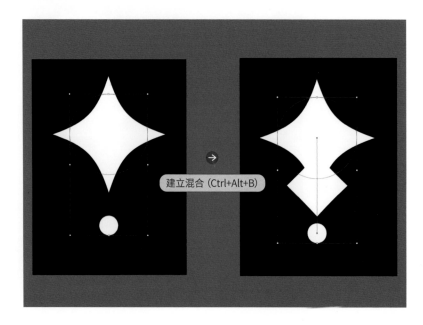

然后双击"混合工具（W）"，打开"混合选项"对话框，设置间距为指定的步数，数值为 12。

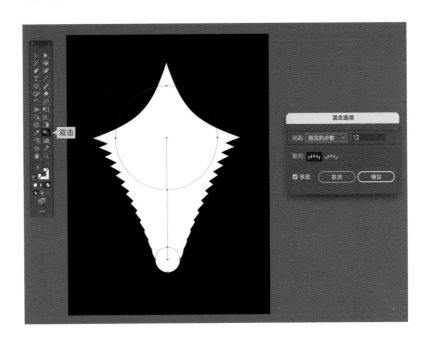

STEP 04　完成混合效果后，再执行"效果"→"路径查找器"→"差集"命令，效果如下。

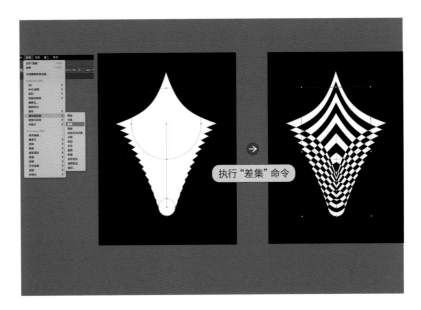

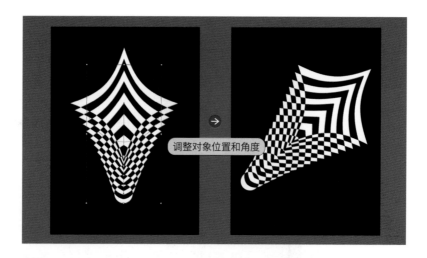

调整对象位置和角度

STEP 05

另一组图形的操作同上。两圆形尺寸分别 90 px×90 px 和 20 px×20 px，设置"混合选项"间距为指定的步数，数值为 10，再执行"差集"命令，完成。

尺寸：90 px×90 px

尺寸：20 px×20 px

Tips

另外还可以制作其他差集效果的图形，操作如下。

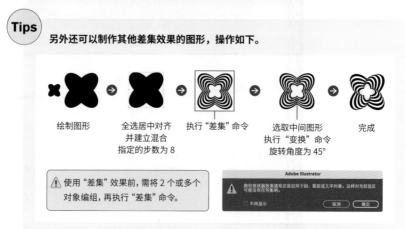

绘制图形   全选居中对齐   执行"差集"命令   选取中间图形   完成
并建立混合   执行"变换"命令
指定的步数为 8   旋转角度为 45°

⚠ 使用"差集"效果前，需将 2 个或多个
对象编组，再执行"差集"命令。

STEP 06 最后给海报添加文字信息，完成整体的编排布局。

使用字体：

- 游明朝体 +36 ポかな
- 台北黑体
- Bronova

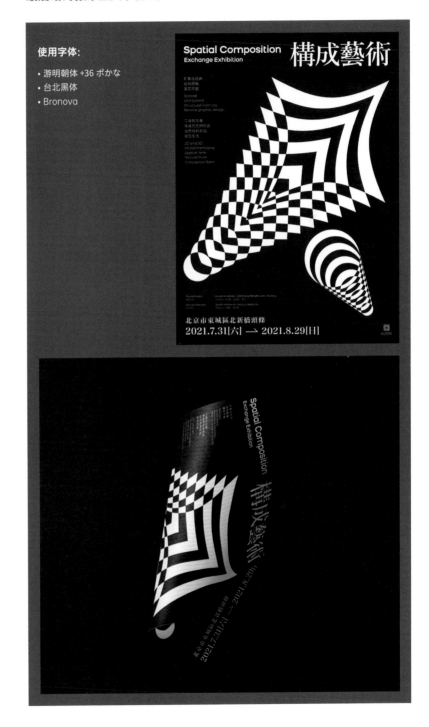

案例 14
玻璃质感图形设计

扫码看视频

海报中的图形设计使用 Illustrator 中的"高斯模糊""玻璃"和"渐变"等命令来实现，通过调整参数能快速制作出具有赛博朋克风格的玻璃设计效果。

名称	用途
高斯模糊	制作玻璃模糊效果
玻璃	增加玻璃纹理的质感
渐变	提高玻璃真实感

STEP 01 ▶ 按"Ctrl+N"键打开"新建文档"对话框，画板尺寸 400 px×560 px，颜色模式为 RGB 颜色，光栅效果为高（300 ppi）。使用"钢笔工具（P）"绘制玻璃形状，并原地复制粘贴出 2 个，一共 3 个玻璃图形，如下图所示。

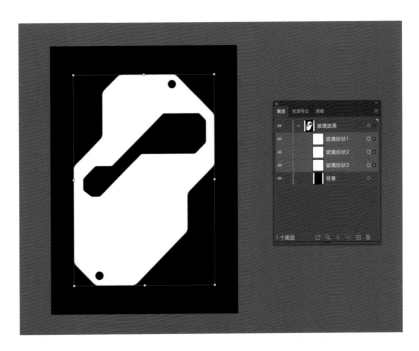

选中其中一个玻璃图形，并置顶于图像上，将其全选，右键单击鼠标，弹出右键菜单，选择"建立剪切蒙版（Ctrl+7）"选项，如下图所示。

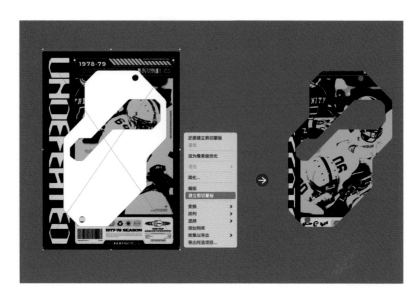

选中图形，并单击控制栏的"编辑内容" 按钮，即可选中图片。

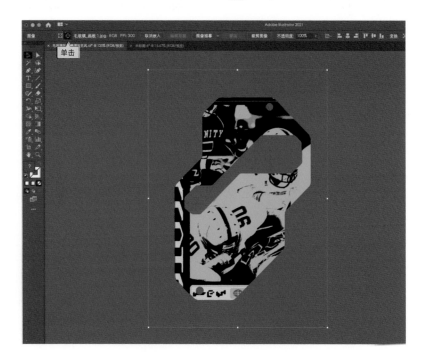

STEP 04 选中图片后，执行"效果"→"（Photoshop 效果）模糊"→"高斯模糊"命令，打开"高斯模糊"对话框，设置半径为 10 像素，单击"确定"。

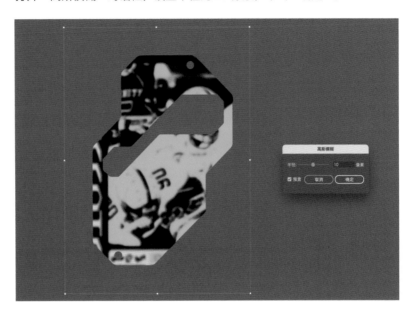

STEP 05 执行"效果"→"（Photoshop 效果）扭曲"→"玻璃"命令，打开"玻璃"对话框，设置扭曲度为 1，平滑度为 1，纹理为小镜头，缩放为 50%，单击"确定"。

将另外 2 个玻璃形状进行渐变、内发光等效果制作，如下图所示。

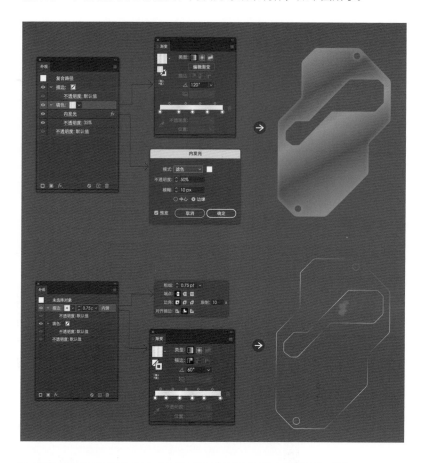

完成以上操作后，对 3 个玻璃形状进行排列，并居中对齐，如下图所示。

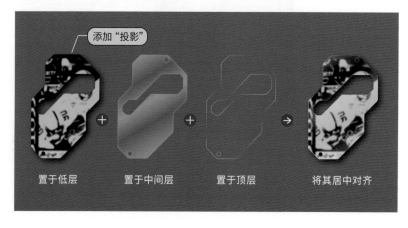

STEP 08 最后将玻璃形状放置于图片上方，添加文字和元素，完成整体的编排布局。

使用字体:

- Amosis Technik
- Montserrat
- Nexa Bold

Gradient
Effect
Experiment
2022

案例 15
渐变视觉差造型设计

扫码看视频

海报中的图形设计使用 Illustrator 中的"渐变"和"旋转工具"命令来实现。通过渐变产生的视觉差，来打造画面的立体感。

名称	用途
渐变	产生视觉差
旋转工具	制作立体效果

STEP 01

按"Ctrl+N"键打开"新建文档"对话框，设置颜色模式为 RGB 颜色，光栅效果为高（300ppi）。新建后，为背景填充黑色。并使用"椭圆工具（L）"绘制一个正圆形，尺寸为 200 px×200 px。

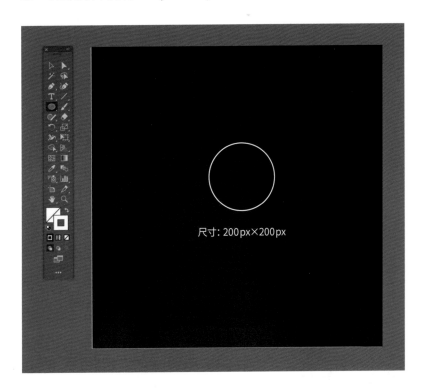

设置圆形的描边粗细为 201 pt，让它成为一个被填充的圆形。

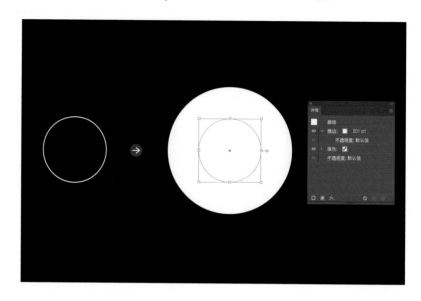

添加描边渐变，打开"渐变"面板，设置渐变类型为线性渐变，描边为沿描边应用渐变，如下图所示。

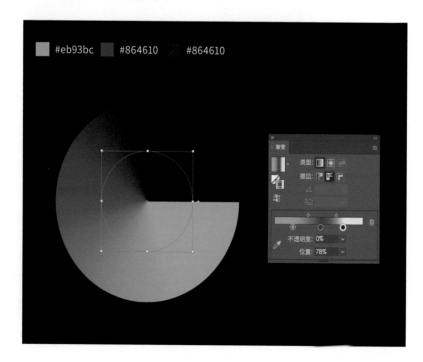

STEP 04 ▶ 将圆形复制出一个，并将其选中，双击"旋转工具（R）"，打开"旋转"对话框，设置旋转角度为 -180°，单击"确定"。完成旋转后，将它向左移动，与另一个渐变色圆形成组合的立体效果。

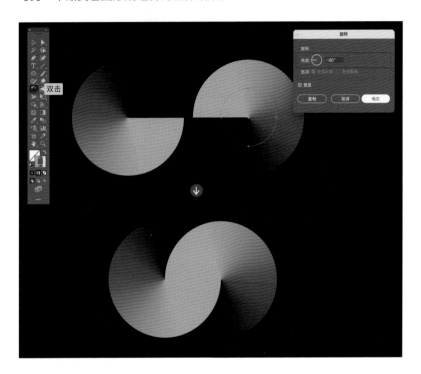

STEP 05 ▶ 继续复制原先的圆形，将其选中后，双击"镜像工具（O）"，打开"镜像"对话框，设置轴为垂直，单击"确定"。

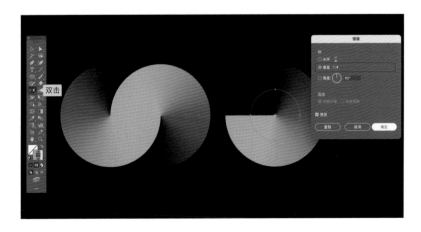

完成镜像后，将它向左移动，与另外两个渐变圆形成立体组合。为了让立体感看起来更逼真细腻，调整渐变色块的位置，如下图所示。

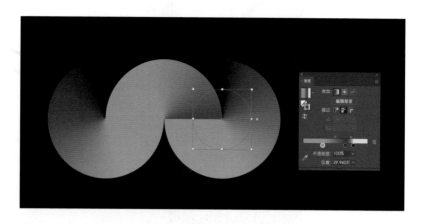

完成以上操作后，将 2 个渐变圆复制并向右移动，以此类推。

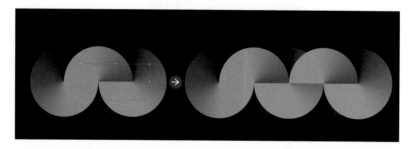

经过多次复制排列之后，形成由渐变视觉差产生的立体图案。

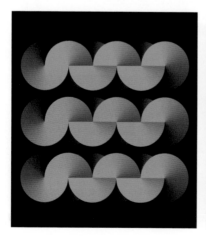 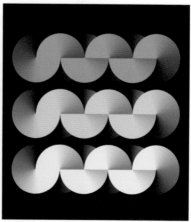

STEP 08 使用"建立剪切蒙版"命令截取需要的部分，完成最后的文字编排。